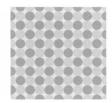

河合塾
SERIES

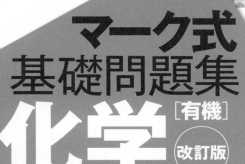

マーク式
基礎問題集
化学 ［有機］
改訂版

河合塾講師
忽那一也・中村和之
…［共著］

JN083345

河合出版

10	11	12	13	14	15	16	17	18
								2 He 4.0
			5 B 11	6 C 12	7 N 14	8 O 16	9 F 19	10 Ne 20
			13 Al 27	14 Si 28	15 P 31	16 S 32	17 Cl 35.5	18 Ar 40
28 Ni 59	29 Cu 63.5	30 Zn 65.4	31 Ga 70	32 Ge 73	33 As 75	34 Se 79	35 Br 80	36 Kr 84
46 Pd 106	47 Ag 108	48 Cd 112	49 In 115	50 Sn 119	51 Sb 122	52 Te 128	53 I 127	54 Xe 131
78 Pt 195	79 Au 197	80 Hg 201	81 Tl 204	82 Pb 207	83 Bi 209	84 Po (210)	85 At (210)	86 Rn (222)
110 Ds (281)	111 Rg (280)	112 Cn (285)	113 Nh (286)	114 Fl (289)	115 Mc (289)	116 Lv (293)	117 Ts (294)	118 Og (294)

属元素の

ハロゲン元素

貴ガス元素

☐ 金属元素　　▨ 非金属元素

は　じ　め　に

　この問題集は，大学入学共通テストおよびマーク式の私大入試など
を対象にしたものである。

　大学入学共通テストの問題は，基礎的な知識と理解力をもち，それ
に基づく思考力を養っておけば，解けるようになっている。

　この問題集では，基礎的な知識と理解力が身につくように問題を精
選し，さらに解答・解説が詳細に記述されている。したがって，問題
を解き，解答・解説を熟読することにより，その分野の基本事項がす
べて学習でき，さらに思考力が養われるようになっている。

　本シリーズは，理論化学・無機化学分野と有機化学分野の2分冊か
らなる。

　有機化学では，物質の性質や構造についての知識を必要とする問題
が多い。化合物についての知識を個々ばらばらに覚えるのではなく，
まとめられた知識を体系だてて整理することが重要である。また，問
題の演習を通して，物質の性質や構造を確認していくことも必要であ
る。

　なお，本シリーズで基礎的な知識と理解力を習得したのち，河合出
版の「**共通テスト総合問題集**」で思考力・実戦力を養えば，大学入学
共通テストに対する備えは万全であろう。

著者　記す

目　　次

第1章

有機化合物の構造と特徴

第1問　元素分析と分子式

　炭素，水素，酸素からなる化合物Aの分子式を決定するために，次のような実験を行った。これについて，下の各問い（**a～d**）に答えよ。ただし，原子量は H = 1.0，C = 12，O = 16，気体定数 $R = 8.3 \times 10^3$ Pa・L/(K・mol) とする。

〔実験1〕　化合物Aを次の図のような装置で燃焼させ，元素分析を行った。

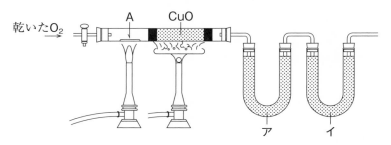

〔実験2〕　Aを 127 ℃，1.0×10^5 Pa で気体にしてその密度を測定したところ，1.8 g/L であった。

a　図中の**ア**と**イ**に該当する物質として最も適当な組み合わせを，次の①～⑥のうちから一つ選べ。　|　1　|

 ① **ア**には十酸化四リンを，**イ**には塩化カルシウムを入れる。

 ② **ア**には十酸化四リンを，**イ**には濃硫酸を入れる。

 ③ **ア**にはソーダ石灰を，**イ**には濃硫酸を入れる。

 ④ **ア**にはソーダ石灰を，**イ**には塩化カルシウムを入れる。

 ⑤ **ア**には塩化カルシウムを，**イ**には濃硫酸を入れる。

 ⑥ **ア**には塩化カルシウムを，**イ**にはソーダ石灰を入れる。

b 〔実験1〕において，72.0 mg の A を完全燃焼させたところ，43.2 mg の水と105.6 mg の二酸化炭素が得られた。A の組成式(実験式)として最も適当なものを，次の①〜⑧のうちから一つ選べ。

2

① CHO　　　② CH$_2$O　　　③ CHO$_2$　　　④ C$_2$H$_6$O

⑤ C$_2$H$_4$O　　⑥ C$_3$H$_8$O　　⑦ C$_3$H$_6$O$_2$　　⑧ C$_4$H$_{10}$O

c A の分子量として最も適当な数値を，次の①〜⑤のうちから一つ選べ。3

① 32　　　② 46　　　③ 60　　　④ 78　　　⑤ 94

d A の分子式として最も適当なものを，次の①〜⑧のうちから一つ選べ。4

① CH$_4$O　　　② C$_2$H$_4$O　　　③ C$_2$H$_6$O　　　④ C$_2$H$_4$O$_2$

⑤ C$_3$H$_6$O$_2$　　⑥ C$_3$H$_8$O　　⑦ C$_4$H$_{10}$O　　⑧ C$_6$H$_{12}$O$_6$

第2問　有機物の特徴と分類

次の各問い(問1・問2)に答えよ。

問1　有機化合物に関する記述として**誤りを含むもの**を，次の①～⑤のうちから一つ選べ。　1

①　ウェーラーは，無機化合物であるシアン酸アンモニウムから有機化合物である尿素が合成できることを発見した。

②　有機化合物は無機化合物に比べて構成元素の種類は多いが，有機化合物の種類は無機化合物に比べて少ない。

③　有機化合物の多くは分子性の物質であり，融点や沸点は低いものが多い。

④　有機化合物を完全燃焼させると，二酸化炭素と水を生じるものが多い。

⑤　有機化合物は，水に溶けるものより有機溶媒に溶けるものが多い。

— 10 —

問2　次の記述①～⑥のうちから，正しいものを一つ選べ。　2

① 酢酸エチルなどのエステルは果実臭がするので，芳香族化合物に分類される。

② メタンやエタンはアルカンに，エチレン（エテン）やアセチレン（エチン）はアルケンに分類される。

③ シクロヘキサンとベンゼンを構成するすべての原子は，同一平面上にある。

シクロヘキサン　　　　　　ベンゼン

④ エタンとエチレンを構成している原子はすべて同一平面上にあるが，アセチレンを構成しているすべての原子は同一平面上にない。

⑤ エチレン $CH_2＝CH_2$ に臭素 Br_2 を作用させて 1,2-ジブロモエタン $CH_2Br－CH_2Br$ にする反応は置換反応，メタン CH_4 に塩素 Cl_2 を作用させて CH_3Cl にする反応は付加反応である。

⑥ 次の(a)と(b)は同一の化合物を表し，(c)と(d)も同一の化合物を表している。

(a)
$$CI-\overset{\overset{\displaystyle H}{|}}{\underset{\underset{\displaystyle H}{|}}{C}}-CI$$

(b)
$$CI-\overset{\overset{\displaystyle CI}{|}}{\underset{\underset{\displaystyle H}{|}}{C}}-H$$

(c)
$$\overset{\overset{\displaystyle CH_3}{|}}{\underset{\underset{\displaystyle CH_3}{|}}{CH}}-CH_2-\overset{\overset{\displaystyle CH_3}{|}}{\underset{\underset{\displaystyle CH_3}{|}}{CH}}$$

(d)
$$CH_3-\overset{\overset{\displaystyle CH_3}{|}}{CH}-CH_2-\overset{\overset{\displaystyle CH_3}{|}}{CH}-CH_3$$

第3問　分子式と燃焼反応

次の各問い(問1・問2)に答えよ。ただし,原子量はH=1.0,C=12,O=16とする。

問1　あるアルケン0.10 molを完全燃焼するのに,0.60 molの酸素を要した。このアルケンの分子式として最も適当なものを,次の①～⑥のうちから一つ選べ。 1

① C_2H_4 ② C_3H_6 ③ C_3H_{10}

④ C_4H_5 ⑤ C_4H_8 ⑥ C_6H_{12}

問2　$C_nH_{2n}O_2$ の一般式で表される化合物1 molを,完全燃焼するために必要な酸素の物質量はいくらか。次の①～⑥のうちから最も適当な値を一つ選べ。 2 mol

① $\dfrac{3n-2}{4}$ ② $\dfrac{3n}{4}$ ③ $\dfrac{3n-2}{2}$

④ $\dfrac{3n}{2}$ ⑤ $3n-2$ ⑥ $3n$

第4問　官能基

次の(1)～(8)の官能基または結合様式をもつ化合物の一般式を，下の①～⑨のうちからそれぞれ一つずつ選べ。ただし，Rは炭化水素基を表す。

(1) ヒドロキシ基 $\boxed{1}$　　　　(2) エーテル結合 $\boxed{2}$

(3) ホルミル基（アルデヒド基） $\boxed{3}$

(4) カルボキシ基 $\boxed{4}$　　　　(5) エステル結合 $\boxed{5}$

(6) アミノ基 $\boxed{6}$　　　　(7) ビニル基 $\boxed{7}$

(8) 酸無水物 $\boxed{8}$

① $R-\underset{\underset{O}{\|}}{C}-O-R$　② $R-\underset{\underset{O}{\|}}{C}-R$　③ $R-CH{=}CH_2$

④ $R-\underset{\underset{O}{\|}}{C}-OH$　⑤ $R-\underset{\underset{O}{\|}}{C}-H$　⑥ $R-NH_2$

⑦ $R-OH$　⑧ $R-O-R$　⑨ $\begin{array}{l} R-C{\Large\lessdot}{\substack{O \\ \\ }} \\ R-C{\Large\lessdot}{\substack{O \\ O}} \end{array}$

第5問　異性体

次の各問い（**問1**〜**問6**）に答えよ。

問1　C_5H_{12} の分子式をもつ物質には，何種類の構造異性体が考えられるか。次の①〜⑤のうちから最も適当な数値を一つ選べ。　　$\boxed{1}$

① 1　　　② 2　　　③ 3　　　④ 4　　　⑤ 5

問2　ブタン C_4H_{10}（$CH_3-CH_2-CH_2-CH_3$）の水素原子2個を，臭素原子2個で置換した化合物は何種類あるか。次の①〜⑧のうちから最も適当な数値を一つ選べ。ただし，鏡像異性体（光学異性体）は考慮しなくてよい。　　$\boxed{2}$　種類

① 1　　　② 2　　　③ 3　　　④ 4
⑤ 5　　　⑥ 6　　　⑦ 7　　　⑧ 8

問3　ブタンを脱水素（水素原子を H_2 分子として取る反応）すると，1分子中に二重結合を1個もつ C_4H_8 の化合物が生じる。この生じた化合物は何種類あるか。次の①〜⑧のうちから最も適当な数値を一つ選べ。　　$\boxed{3}$　種類

① 1　　　② 2　　　③ 3　　　④ 4
⑤ 5　　　⑥ 6　　　⑦ 7　　　⑧ 8

問4 問2で考えられる臭素化合物のうち，不斉炭素原子をもつ化合物は何種類あるか。次の①～⑧のうちから最も適当な数値を一つ選べ。 4 種類

① 1 　　② 2 　　③ 3 　　④ 4
⑤ 5 　　⑥ 6 　　⑦ 7 　　⑧ 8

問5 互いに鏡像異性体（光学異性体）の関係にある一対の化合物に関する次の記述 **a** ～ **d** について，正誤の組合せとして正しいものを，下の①～⑧のうちから一つ選べ。 5

a 偏光（平面偏光）に対する性質が異なる。
b 融点，沸点が異なる。
c 立体構造が異なる。
d 生理作用が異なる。

	a	**b**	**c**	**d**
①	正	正	誤	誤
②	正	誤	正	誤
③	誤	正	正	誤
④	誤	正	誤	正
⑤	正	正	正	誤
⑥	正	正	誤	正
⑦	正	誤	正	正
⑧	誤	正	正	正

問6　分子式が $C_4H_8O_2$ である化合物 A に関する次の記述①〜⑥の
　　うちから，**可能性のないもの**を一つ選べ。　6

① 　C＝C とカルボキシ基を有する。

② 　エステル結合を有する。

③ 　C＝C とヒドロキシ基を有する。

④ 　環状構造とエーテル結合を有する。

⑤ 　ホルミル基(アルデヒド基)とヒドロキシ基を有する。

⑥ 　カルボニル基とエーテル結合を有する。

第2章

脂肪族化合物

第1問　炭化水素

次の各問い(問1〜問3)に答えよ。

問1　次の文中の　1　〜　8　に当てはまるものを，下のそれぞれの解答群のうちから一つずつ選べ。

炭素と水素だけでできている化合物は炭化水素と呼ばれる。アルカン(メタン系炭化水素)は　1　であり，その一般式は　2　で表される。アルケン(エチレン系炭化水素)は　3　であり，その一般式は　4　で表される。アルキン(アセチレン系炭化水素)は　5　であり，その一般式は　6　で表される。炭化水素にはこれらの他に，　7　であるシクロアルカンや　8　である芳香族炭化水素などがある。

　1　，　3　，　5　，　7　，　8　の解答群

① 炭素原子間の結合がすべて単結合の鎖式炭化水素

② 炭素原子間の結合がすべて単結合の環式炭化水素

③ 炭素原子間の二重結合を1個もつ鎖式炭化水素

④ 炭素原子間の三重結合を1個もつ鎖式炭化水素

⑤ ベンゼン環をもつ炭化水素

　2　，　4　，　6　の解答群

① C_nH_n　　　② C_nH_{n+2}　　　③ C_nH_{2n-2}

④ C_nH_{2n}　　　⑤ C_nH_{2n+2}

問2　次の **a ～ d** に当てはまるものを，下の①～⑨のうちから一つずつ選べ。

a　炭素数3のアルケン　　　| 9 |

b　炭素数5のシクロアルカン　| 10 |

c　炭素数6のアルカン　　　| 11 |

d　炭素数6の芳香族炭化水素　| 12 |

① シクロヘキサン　　② プロパン　　③ ヘキサン

④ シクロペンタン　　⑤ ペンタン　　⑥ ブタン

⑦ プロペン(プロピレン)　　　　⑧ ベンゼン

⑨ エチレン

問3　次の **a ～ e** の文中の | 13 | ～ | 17 | に当てはまるものを，下の①～⑧のうちからそれぞれ一つずつ選べ。

a　メタンと塩素の混合気体に光を当てると | 13 | が生成する。

b　エチレンに臭素を付加させると | 14 | が生成し，臭素の赤褐色は消える。

c　エチレンに水を付加させると | 15 | が得られる。

d　アセチレンに水を付加させると | 16 | が得られる。

e　アセチレンに酢酸を付加させると | 17 | が得られる。

① CH_3OH　　② CH_3Cl　　③ CH_3CHO

④ CH_3CH_3　　⑤ CH_3CH_2Br　　⑥ CH_2BrCH_2Br

⑦ CH_3CH_2OH　　⑧ $CH_2=CHOCOCH_3$

第2問　炭化水素の製法

次の(1)〜(4)の操作で得られる炭化水素を，下の解答群の①〜⑥のうちからそれぞれ一つずつ選べ。

(1)　酢酸ナトリウムと水酸化ナトリウムの固体混合物を加熱する。
　　　| 1 |

(2)　炭化カルシウム（カーバイド）に水を作用させる。　| 2 |

(3)　アセチレンを赤熱した鉄に接触させる。　| 3 |

(4)　160〜170℃に加熱した濃硫酸にエタノールを加える。　| 4 |

〔解答群〕

① エチレン　　② アセチレン　　③ プロペン（プロピレン）

④ ベンゼン　　⑤ メタン　　⑥ エタン

第3問　アルケン

C$_4$H$_8$ の分子式を有するアルケンについて，次の各問い（問1～問3）に答えよ。

問1　この分子式を有するアルケンには何種類の異性体が考えられるか。最も適当な数値を，次の①～⑤のうちから一つ選べ。
　　　 1 　種類

　　　① 2　　　② 3　　　③ 4　　　④ 5　　　⑤ 6

問2　臭化水素を付加させたとき，2-ブロモブタンしか得られないアルケンは何種類あるか。最も適当な数値を，次の①～⑤のうちから一つ選べ。 2 　種類

　　　① 0　　　② 1　　　③ 2　　　④ 3　　　⑤ 4

問3　4個の炭素原子が常に同一平面上に存在しているアルケンは何種類あるか。最も適当な数値を，次の①～⑤のうちから一つ選べ。
　　　 3 　種類

　　　① 1　　　② 2　　　③ 3　　　④ 4　　　⑤ 5

第4問　アルコールの分類と構造

下の①〜⑦のアルコールのうちから,

| 1 | 1価の第二級アルコール,
| 2 | 1価の第三級アルコール,
| 3 | 2価のアルコール,
| 4 | 3価のアルコール,
| 5 | 不斉炭素原子をもつアルコール

をそれぞれ一つずつ選べ。ただし,同じものを繰り返し選んでもよい。

① $HO-CH_2-CH_2-OH$

② $HO-CH_2-CH-CH_2-OH$
      　　　　　　$|$
      　　　　　OH

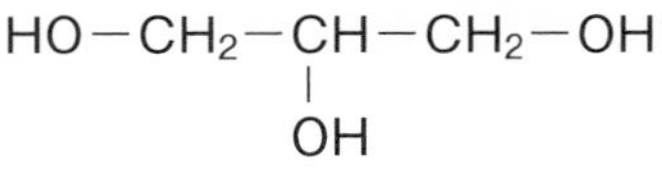

③ $CH_3-CH_2-CH_2-OH$

④ $CH_3-CH_2-CH_2-CH_2-OH$

⑤ $CH_3-CH-CH_2-OH$
   　　　$|$
   　　CH_3

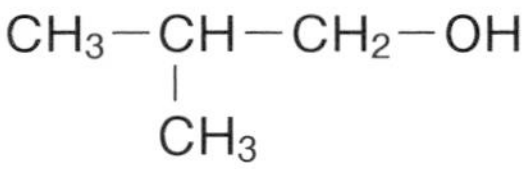

⑥ $CH_3-CH_2-CH-CH_3$
   　　　　　　$|$
   　　　　　OH

⑦ 　　　CH_3
   　　　$|$
   CH_3-C-CH_3
   　　　$|$
   　　　OH

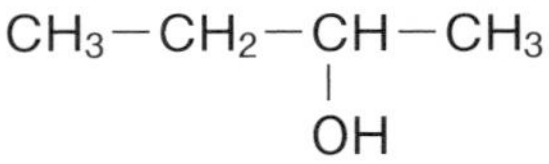

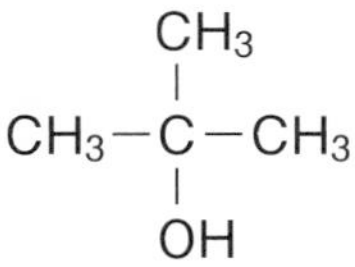

第5問 エタノールの誘導体

次の図中の　1　～　6　に当てはまる化合物を，下の①～⑨のうちから一つずつ選べ。

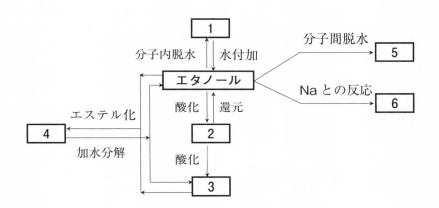

① ジエチルエーテル　　② ホルムアルデヒド

③ アセトアルデヒド　　④ ナトリウムエトキシド

⑤ ギ酸エチル　　　　　⑥ 酢酸エチル

⑦ ギ酸　　　　　　　　⑧ 酢酸

⑨ エチレン

第6問 アルコールの性質

炭素数が4以下の鎖式飽和1価のアルコールには，次の(1)～(8)の8種類がある。これに関する下の各問い(問1～問3)に答えよ。

(1) CH_3-OH

(2) CH_3-CH_2-OH

(3) $CH_3-CH_2-CH_2-OH$

(4) $CH_3-\underset{\underset{\textstyle OH}{|}}{CH}-CH_3$

(5) $CH_3-CH_2-CH_2-CH_2-OH$

(6) $CH_3-CH_2-\underset{\underset{\textstyle OH}{|}}{CH}-CH_3$

(7) $CH_3-\underset{\underset{\textstyle CH_3}{|}}{CH}-CH_2-OH$

(8) $CH_3-\underset{\underset{\textstyle CH_3}{|}}{\overset{\overset{\textstyle CH_3}{|}}{C}}-OH$

問1　上記のアルコールに関する次の記述①～④のうちから，**誤りを含むもの**を一つ選べ。　$\boxed{1}$

①　(1)～(7)のアルコールはすべて常温，常圧で液体である。

②　(5)～(8)のアルコールのうち，最も沸点が高いものは(8)である。

③　(1)，(2)，(3)，(5)のアルコールのうち，最も水に溶けにくいものは(5)である。

④　(2)，(3)，(5)のアルコールには，それぞれ異性体としてエーテルが存在する。

問2　(1)〜(8)のアルコールのうちから，次の **a** 〜 **c** の記述に当てはまるものを，下の①〜⑧のうちから一つずつ選べ。

a　酸化するとアセトンを生じる。　$\boxed{2}$

b　最も酸化されにくい。　$\boxed{3}$

c　脱水するとシス−トランス異性体(幾何異性体)を含む3種類のアルケンを生じる第二級アルコール。　$\boxed{4}$

① (1)　　　② (2)　　　③ (3)　　　④ (4)

⑤ (5)　　　⑥ (6)　　　⑦ (7)　　　⑧ (8)

問3　(1)〜(8)のアルコールのうち，次の **d** 〜 **g** の記述に当てはまるものは，それぞれ何種類あるか。下の①〜⑨のうちから一つずつ選べ。ただし，同じものを繰り返し選んでもよい。

d　二クロム酸カリウムでおだやかに酸化するとフェーリング液を還元する物質が得られる。　$\boxed{5}$ 種類

e　脱水するとプロペン(プロピレン)を生じる。　$\boxed{6}$ 種類

f　脱水した後，水素を付加するとブタンを生じる。　$\boxed{7}$ 種類

g　ヨウ素溶液と水酸化ナトリウム水溶液を加えて加熱すると，黄色の沈殿を生じる。　$\boxed{8}$ 種類

① 1　　　② 2　　　③ 3　　　④ 4　　　⑤ 5

⑥ 6　　　⑦ 7　　　⑧ 8　　　⑨ 0

第7問　アルデヒドとケトン

　次の ☐1☐ ～ ☐6☐ の記述が，アセトアルデヒドとアセトンのどちらにも当てはまるなら①，アセトアルデヒドのみに当てはまるなら②，アセトンのみに当てはまるなら③，どちらにも当てはまらないなら④を記せ。

☐1☐　銀鏡反応を示す。

☐2☐　ヨードホルム反応を示す。

☐3☐　酢酸カルシウムを乾留すると生成する。

☐4☐　金属ナトリウムと反応して水素を発生させる。

☐5☐　還元するとアルコールが生成する。

☐6☐　水にほとんど溶けない。

第8問　カルボン酸

カルボン酸に関する次の問い(問1・問2)に答えよ。

問1　次の**a**～**c**の文中の $\boxed{1}$ ～ $\boxed{4}$ に当てはまるものを，下の①～⑧のうちからそれぞれ一つずつ選べ。

a $\boxed{1}$ はメタノールを酸化すると得られるカルボン酸であり，銀鏡反応を示す。

b $\boxed{2}$ はカルボキシ基とヒドロキシ基の両方をもつヒドロキシ酸であり，鏡像異性体(光学異性体)が存在する。

c $\boxed{3}$ と $\boxed{4}$ は互いにシス－トランス異性体(幾何異性体)の関係にあるジカルボン酸であるが，このうち $\boxed{3}$ は加熱すると容易に脱水反応が起こり，酸無水物を生じる。

① 酢酸　　　　　② 乳酸　　　　　　③ ギ酸
④ フマル酸　　　⑤ プロピオン酸　　⑥ アジピン酸
⑦ マレイン酸　　⑧ シュウ酸

問2　分子式 $C_5H_{10}O_2$ のカルボン酸は，鏡像異性体(光学異性体)を区別して何種類あるか。最も適当な数値を，次の①～⑤のうちから一つ選べ。$\boxed{5}$ 種類

① 2　　　② 3　　　③ 4　　　④ 5　　　⑤ 6

第9問　油脂

　油脂に関する次の問い(問1・問2)に答えよ。

問1　次の文中の　1　～　6　に当てはまるものを，下のそれぞ
　　れの解答群のうちから一つずつ選べ。

　油脂は　1　と　2　のエステルである。油脂に水酸化ナトリウ
ム水溶液を加えて加熱すると　3　が起こり，　1　のナトリウム
塩すなわち　4　と　2　が生成する。

　リノレン酸 $C_{17}H_{29}COOH$ 1分子中には，炭素原子間の二重結合が
　5　個含まれている。このように二重結合を多く含む　1　から
なる油脂は，常温で液体のものが多く，空気中の酸素で酸化されて固
化しやすい。このような油脂を　6　といい，アマニ油などがあり，
塗料として用いられている。

　　1　，　2　，　4　，　6　の解答群
　　① エチレングリコール　　② グリセリン　　③ 糖
　　④ 高級脂肪酸　　⑤ アミノ酸　　⑥ セッケン
　　⑦ 芳香族カルボン酸　　⑧ アルデヒド　　⑨ ケトン
　　⓪ 硬化油　　ⓐ 乾性油　　ⓑ 不乾性油

　　3　の解答群
　　① エステル化　　② 置換反応　　③ 付加反応
　　④ 縮合反応　　⑤ けん化　　⑥ 重合反応

　　5　の解答群
　　① 1　　② 2　　③ 3　　④ 4　　⑤ 5

問2　1種類の脂肪酸Aからなる油脂Bがある。1gの油脂Bをケン化するのに 3.44×10^{-3} mol の水酸化ナトリウムが必要であり，100 g の油脂Bに付加するヨウ素の物質量は 1.03 mol である。油脂Bの分子量と脂肪酸Aに含まれる炭素間二重結合の数の組合せとして最も適当なものを，次の①～⑨のうちから一つ選べ。
　　 7

	Bの分子量	A中のC=Cの数
①	290	1
②	290	2
③	290	3
④	654	1
⑤	654	2
⑥	654	3
⑦	872	1
⑧	872	2
⑨	872	3

第 **10** 問　エステル

分子式が $C_4H_8O_2$ の化合物(1)～(6)について，文中の 1 ～ 3 にあてはまるものを，下の①～⑨のうちから一つずつ選べ。

(1) 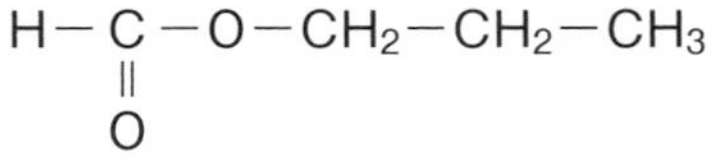　H－C－O－CH₂－CH₂－CH₃
　　　　‖
　　　　O

(2) 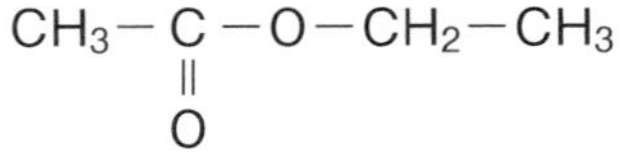　CH₃－C－O－CH₂－CH₃
　　　　　‖
　　　　　O

(3) 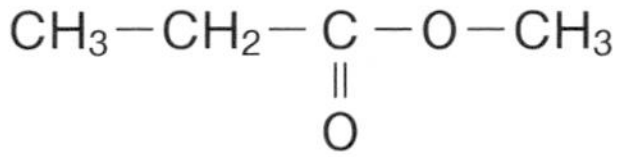　CH₃－CH₂－C－O－CH₃
　　　　　　　‖
　　　　　　　O

(4) 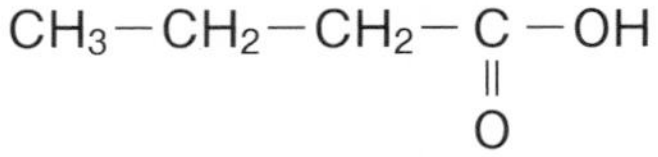　CH₃－CH₂－CH₂－C－OH
　　　　　　　　　　‖
　　　　　　　　　　O

(5) 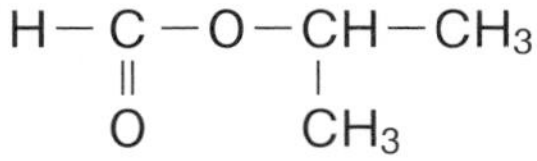　H－C－O－CH－CH₃
　　　　‖　　　｜
　　　　O　　　CH₃

(6) 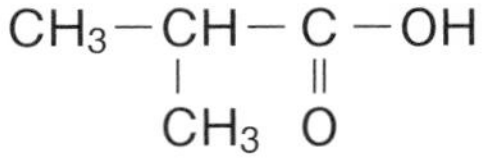　CH₃－CH－C－OH
　　　　　｜　‖
　　　　　CH₃ O

(1)～(6)のうち，炭酸水素ナトリウム水溶液を加えると二酸化炭素が発生するのは 1 である。また，加水分解すると，分子量が 74 のカルボン酸と分子量が 32 のアルコールが生じるのは 2 であり，還元性のあるカルボン酸と第二級アルコールが生じるのは 3 である。

①　(1)　　　②　(2)　　　③　(3)　　　④　(4)　　　⑤　(5)

⑥　(6)　　　⑦　(1)と(5)　　　⑧　(4)と(6)　　　⑨　(5)と(6)

第11問　セッケン

次の記述①～⑥のうちから，**誤りを含むもの**を一つ選べ。 $\boxed{1}$

① セッケンも合成洗剤も，分子中に親水基と疎水基の2つの部分をもっている。

② セッケンを水に溶かすと，その一部が加水分解して，水溶液は弱い酸性を示す。

③ 合成洗剤の主成分である硫酸アルキルナトリウムやアルキルベンゼンスルホン酸ナトリウムを水に溶かしても，加水分解を受けず，水溶液はほぼ中性である。

④ セッケンは Ca^{2+} や Mg^{2+} と反応して水に不溶な塩をつくるため，硬水中では泡立たない。

⑤ アルキルベンゼンスルホン酸ナトリウムなどの合成洗剤は，Ca^{2+} や Mg^{2+} と反応しないため，硬水中でも使用できる。

⑥ 合成洗剤は石油を原料としてつくられるため，自然界で微生物による分解を受けにくいが，セッケンは油脂を原料としてつくられるため，微生物による分解が容易である。

第12問　化合物の検出

次の各問い(問1〜問3)に答えよ。

問1　水溶液は酸性を示し，銀鏡反応を示す物質を，次の①〜④のうちから一つ選べ。 1

① ギ酸 ② アセトアルデヒド
③ 酢酸エチル ④ 酢酸

問2　水酸化ナトリウムと反応して塩を生成し，臭素水を加えると臭素の赤褐色を消失する物質を，次の①〜④のうちから一つ選べ。 2

① エチレン ② 酢酸
③ ジエチルエーテル ④ マレイン酸

問3　金属ナトリウムを加えると気体を発生して溶解し，不斉炭素原子をもつ物質を，次の①〜④のうちから一つ選べ。 3

① 1-ブタノール ② 2-ブタノール
③ アセトン ④ プロパン

第13問　物質の推定

次の各問い（問1・問2）に答えよ。

問1　ある量の鎖式不飽和脂肪酸のメチルエステルAを完全にけん化するには、5.00 mol /L の水酸化ナトリウム水溶液 20.0 mL が必要であった。また、同量のAを飽和脂肪酸のメチルエステルに変えるには、0 ℃、$1.013×10^5$ Pa において H_2 を 6.72 L 必要とした。Aの化学式として最も適当なものを、次の①～⑥のうちから一つ選べ。　　1

① $C_{15}H_{29}COOCH_3$

② $C_{15}H_{31}COOCH_3$

③ $C_{17}H_{29}COOCH_3$

④ $C_{17}H_{31}COOCH_3$

⑤ $C_{19}H_{31}COOCH_3$

⑥ $C_{19}H_{39}COOCH_3$

問2　分子式 $C_5H_{10}O_2$ で示されるエステルは、加水分解すると還元性を示すカルボン酸Aと不斉炭素原子をもつアルコールBになる。これらの化合物A・Bに関する記述として**誤りを含むもの**を、次の①～④のうちから一つ選べ。　　2

①　化合物Aを濃硫酸で脱水すると、一酸化炭素が生じる。

②　化合物Aは、ホルムアルデヒドの酸化により生じる。

③　化合物Bを酸化すると、アルデヒドが生じる。

④　化合物Bは、ヨードホルム反応を示す。

第14問　アルケンのオゾン分解

アルケンにオゾンO_3を作用させると$C=C$結合が開裂して，次の図に示すようにケトンあるいはアルデヒドが生じる。この反応をオゾン分解といい，アルケンの構造決定に利用される。

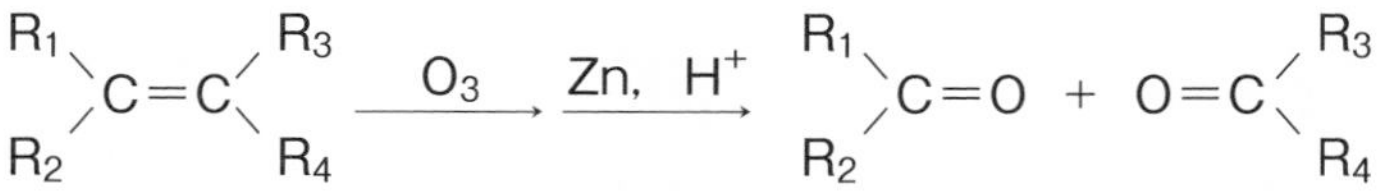

$$\underset{R_2}{\overset{R_1}{>}}C=C\underset{R_4}{\overset{R_3}{<}} \xrightarrow{\quad O_3 \quad} \xrightarrow{\quad Zn,\ H^+ \quad} \underset{R_2}{\overset{R_1}{>}}C=O \ + \ O=C\underset{R_4}{\overset{R_3}{<}}$$

（R_1～R_4：炭化水素基あるいはH原子）

分子式C_6H_{12}で表されるアルケンA，Bについて，次の〔1〕～〔4〕がわかった。

〔1〕 A，Bをそれぞれオゾン分解すると，Aからは化合物Cと化合物Dが，Bからは化合物Eのみが得られた。

〔2〕 C～Eにアンモニア性硝酸銀水溶液を加えて加熱すると，CとDから銀が生じた。

〔3〕 C～Eにヨウ素と水酸化ナトリウム水溶液を加えて加熱すると，CとEから黄色沈殿が生じた。

〔4〕 Aにニッケル触媒の存在下で水素H_2を作用させると，枝分かれのあるアルカンが得られた。

問1　化合物Cの名称として最も適当なものを，次の①～④のうちから一つ選べ。　1

① ホルムアルデヒド　　　　　② アセトン

③ アセトアルデヒド　　　　　④ プロピオンアルデヒド

問2　下線部について，0.10 g の A と反応する H_2 の体積は 0℃，$1.013×10^5$ Pa において何 mL か。最も適当な数値を，次の①〜⑤のうちから一つ選べ。ただし，原子量は H＝1.0，C＝12 とする。

$\boxed{2}$ mL

① 12　　② 27　　③ 39　　④ 53　　⑤ 72

問3　アルケン A，B の構造式として最も適当なものを，下の①〜⑧のうちからそれぞれ一つずつ選べ。

アルケン A $\boxed{3}$　　　　　　アルケン B $\boxed{4}$

①　$CH_3-\overset{\underset{|}{CH_3}}{C}=\overset{\underset{|}{CH_3}}{C}-CH_3$

②　$CH_3-CH=CH-CH_2-CH_2-CH_3$

③　$CH_3-CH=\overset{\underset{|}{CH_3}}{C}-CH_2-CH_3$

④　$CH_3-CH=CH-\overset{\underset{|}{CH_3}}{CH}-CH_3$

⑤　$CH_3-CH_2-CH=CH-CH_2-CH_3$

⑥　$CH_2=CH-CH_2-CH_2-CH_2-CH_3$

⑦　$CH_3-\overset{\underset{|}{CH_3}}{C}=CH-CH_2-CH_3$

⑧　$CH_2=\overset{\underset{|}{CH_3}}{C}-\overset{\underset{|}{CH_3}}{CH}-CH_3$

問4 A，Bに関する記述として**誤りを含むもの**を，次の①〜④のうちから一つ選べ。 5

① Bの炭素原子はすべて同一平面上に存在する。

② 触媒の存在下でAに塩素 Cl_2 を付加させると，不斉炭素原子を1つもつ化合物が得られる。

③ A，Bに硫酸酸性にした過マンガン酸カリウム $KMnO_4$ 水溶液を少量ずつ加えると，いずれも $KMnO_4$ 水溶液の赤紫色が消える。

④ Aにはシス−トランス異性体（幾何異性体）が存在するが，Bには存在しない。

第15問　C₅H₁₂O の構造決定

　化合物Ａ，Ｂ，Ｃはいずれも分子式 $C_5H_{12}O$ で表されるアルコールである。これらの化合物の性質を調べたところ，以下のことがわかった。

〔1〕Ａ～Ｃを硫酸酸性の二クロム酸カリウム水溶液で穏やかに酸化したところ，Ａからは中性物質Ｄが，Ｃからは中性物質Ｅが得られたが，Ｂは反応しなかった。

〔2〕ＤとＥのうち，Ｅのみフェーリング液を還元して(1)赤色沈殿が生じた。

〔3〕ＤとＥのうち，Ｄのみ(2)ヨードホルム反応を示した。

〔4〕Ａを濃硫酸で脱水すると，3種類のアルケンが得られた。

〔5〕ＡとＣは不斉炭素原子をもつが，Ｂはもたない。

問1　下線部(1)の化合物の化学式として最も適当なものを，次の①～④のうちから一つ選べ。　| 1 |

　　① Cu_2O　　② Ag_2O　　③ CuO　　④ Ag_2CrO_4

問2　下線部(2)について，次の化合物のうちヨードホルム反応を示すものは何種類あるか。最も適当な数値を，下の①～⑤のうちから一つ選べ。| 2 |種類

　エタノール　　　　　アセトアルデヒド　　　酢酸
　1-プロパノール　　　2-プロパノール　　　　アセトン

　　① 2　　　② 3　　　③ 4　　　④ 5　　　⑤ 6

問3　アルコールＡ，Ｂ，Ｃの構造式として最も適当なものを，下の①～⑧のうちからそれぞれ一つずつ選べ。

アルコールＡ　$\boxed{3}$　アルコールＢ　$\boxed{4}$　アルコールＣ　$\boxed{5}$

①　$CH_2-CH_2-CH_2-CH_2-CH_3$
　　$\underset{OH}{|}$

②　$CH_3-CH-CH_2-CH_2-CH_3$
　　　　　$\underset{OH}{|}$

③　$CH_3-CH_2-CH-CH_2-CH_3$
　　　　　　　　$\underset{OH}{|}$

④　　　$\overset{CH_3}{|}$
　　$CH_2-CH-CH_2-CH_3$
　　$\underset{OH}{|}$

⑤　　　$\overset{CH_3}{|}$
　　$CH_3-\overset{|}{\underset{OH}{C}}-CH_2-CH_3$

⑥　　　$\overset{CH_3}{|}$
　　$CH_3-CH-CH-CH_3$
　　　　　　　$\underset{OH}{|}$

⑦　　　$\overset{CH_3}{|}$
　　$CH_3-CH-CH_2-CH_2$
　　　　　　　　　$\underset{OH}{|}$

⑧　　　$\overset{CH_3}{|}$
　　$CH_2-\overset{|}{\underset{CH_3}{C}}-CH_3$
　　$\underset{OH}{|}$

問4　$C_5H_{12}O$ の異性体のうち，金属ナトリウムと反応しないものは何種類あるか。最も適当な数値を，次の①～⑤のうちから一つ選べ。ただし，鏡像異性体(光学異性体)は区別しないものとする。
　　$\boxed{6}$　種類

①　4　　　②　5　　　③　6　　　④　7　　　⑤　8

第16問　C₄H₆O₂ の構造決定

　化合物Ａ，Ｂはいずれも分子式が $C_4H_6O_2$ で表されるエステルである。これらを加水分解すると，Ａからは分子量32のアルコールＣと化合物Ｄが，Ｂからは銀鏡反応を示すカルボン酸とともに，不安定な化合物Ｅを経て化合物Ｆが得られた。このＥからＦが生じる変化は，触媒の存在下でアセチレンに水を付加して得られた不安定な化合物が，アセトアルデヒドに変化する反応と同じである。また，Ｄ，Ｆの性質を調べるために，以下の実験を行った。

〔実験１〕　Ｄ，Ｆにそれぞれ臭素水を加えてよく振り混ぜると，Ｄのみ臭素の赤褐色が消えた。

〔実験２〕　Ｄ，Ｆにそれぞれマグネシウムの小片を加えると，Ｄのみ気体が発生した。

〔実験３〕　Ｄ，Ｆにヨウ素－ヨウ化カリウム水溶液と水酸化ナトリウム水溶液を加えて加熱すると，Ｆのみ黄色沈殿が生じた。

問1　化合物Ｂから得られた銀鏡反応を示すカルボン酸として最も適当なものを，次の①～⑤のうちから一つ選べ。　　1

①　酢酸　　　　②　シュウ酸　　　③　フマル酸

④　ギ酸　　　　⑤　マレイン酸

問2 〔実験2〕で発生する気体と〔実験3〕で生じる黄色沈殿の化学式の組合せとして最も適当なものを，次の①～⑨のうちから一つ選べ。 2

	気体	黄色沈殿
①	H_2	CH_3I
②	H_2	CH_2I_2
③	H_2	CHI_3
④	N_2	CH_3I
⑤	N_2	CH_2I_2
⑥	N_2	CHI_3
⑦	CO_2	CH_3I
⑧	CO_2	CH_2I_2
⑨	CO_2	CHI_3

問3 ＤとＦに関する記述として**誤りを含むもの**を，次の①～⑤のうちから一つ選べ。 3

① 2-プロパノールを硫酸酸性の二クロム酸カリウム水溶液で酸化すると，Ｆが得られる。

② 触媒の存在下でアセチレンに酢酸を付加させると，Ｄが得られる。

③ 空気を断って酢酸カルシウムを熱分解(乾留)するとＦが得られる。

④ Ｄはビニル基をもつ。

⑤ Ｆは常温・常圧下で液体である。

問4　次に示すエステル A の構造式中の　4　・　5　とエステル B の構造式中の　6　・　7　に当てはまるものを，下の①〜⑨のうちからそれぞれ一つずつ選べ。ただし，同じものを繰り返し選んでもよい。

エステル A 　4　 $-\overset{\displaystyle\|}{\underset{\displaystyle O}{C}}-O-$ 　5　

エステル B 　6　 $-\overset{\displaystyle\|}{\underset{\displaystyle O}{C}}-O-$ 　7　

① H$-$　　② CH$_3-$　　③ CH$_3-$CH$_2-$　　④ CH$_2=$CH$-$

⑤ $\underset{\displaystyle CH_3}{CH_3-CH-}$　　⑥ $\underset{\displaystyle CH_3}{CH_2=C-}$

⑦ CH$_2=$CH$-$CH$_2-$　　⑧ CH$_3-$CH$=$CH$-$

⑨ $\underset{\displaystyle CH_2-CH-}{\overset{\displaystyle CH_2}{\diagdown\diagup}}$

第３章

芳香族化合物

第 1 問　芳香族炭化水素

次の各問い(問 1 ・問 2)に答えよ。

問 1　ベンゼンに関する記述として**誤りを含むもの**を，次の①〜⑤の
　　　うちから一つ選べ。　| 1 |

① 炭素原子間の結合の長さは，すべて等しい。

② すべての原子は，同一平面上にある。

③ 常温で液体で揮発性があり，引火しやすい。

④ 付加反応よりも置換反応を起こしやすい。

⑤ 過マンガン酸カリウムの硫酸酸性溶液によって，容易に酸化
　　される。

問 2　次の文中の　| 2 |　〜　| 5 |　に当てはまるものを，下の①〜⑤
　　　のうちから一つずつ選べ。

　　　ベンゼン，トルエン，キシレン，スチレン，エチルベンゼンは
　　いずれも芳香族炭化水素である。このうち，炭素数が 7 のものは
　　| 2 |　である。また，異性体の関係にあるのは　| 3 |　と　| 4 |
　　であるが，| 3 |　にはさらにオルト，メタ，パラの 3 種類の異性
　　体が存在する。付加重合によって合成高分子化合物を生じるもの
　　は　| 5 |　である。

① ベンゼン　　② トルエン　　③ キシレン

④ スチレン　　⑤ エチルベンゼン

第2問　ベンゼン誘導体

次の各問い（問1・問2）に答えよ。

問1　次の文中の　1　～　4　に当てはまるものを，下の①〜⑦のうちから一つずつ選べ。

　　ベンゼンは，濃硫酸と反応させると　1　を生じるが，濃硫酸と濃硝酸の混合物と反応させると　2　を生じる。ベンゼンに鉄粉と塩素を作用させると　3　ができる。また，ベンゼンとプロペン（プロピレン）を反応させると　4　が生じる。

① $\begin{array}{c}\bigcirc\!\!-\!Cl\end{array}$　　② $\bigcirc\!\!-\!CH_2\!-\!CH_3$　　③ $\bigcirc\!\!-\!CH\!=\!CH_2$

④ $\bigcirc\!\!-\!\!\begin{array}{c}CH_3\\CH\!-\!CH_3\end{array}$　　⑤ $\bigcirc\!\!-\!NO_2$　　⑥ $\bigcirc\!\!-\!SO_3H$

⑦
$$\begin{array}{c}CHCl\\CHCl\quad\ \ CHCl\\CHCl\quad\ \ CHCl\\CHCl\end{array}$$

問2　C_8H_{10} の分子式をもつ芳香族炭化水素には，何種類の構造異性体が考えられるか。次の①〜⑤のうちから，最も適当なものを一つ選べ。　5　種類

①　2　　　②　3　　　③　4　　　④　5　　　⑤　6

第3問　フェノールの製法

　次の文中の　1　～　6　に当てはまるものを，下の①～⑨のうちから一つずつ選べ。

　ベンゼンスルホン酸のナトリウム塩と　1　の固体混合物を高温に熱すると　2　が生成する。　2　の水溶液に　3　を通じるとフェノールが生成する。工業的には，ベンゼンと　4　からつくられたクメンを酸化した後に分解するとフェノールが得られる。そのとき同時に　5　が得られる。

　一般に，ベンゼン環の炭素原子にヒドロキシ基が直接結合した化合物をフェノール類というが，フェノール類の例としては　6　などがある。

① プロパン　　　　　　　② プロペン（プロピレン）
③ アセトン　　　　　　　④ ナトリウムフェノキシド
⑤ クレゾール　　　　　　⑥ 水酸化ナトリウム
⑦ アンモニア　　　　　　⑧ 炭酸ナトリウム
⑨ 二酸化炭素

第4問　フェノールの性質

次の　1　～　7　の記述において，エタノールとフェノールのどちらにも当てはまるものには①を，エタノールのみに当てはまるものには②を，フェノールのみに当てはまるものには③を，どちらにも当てはまらないものには④をそれぞれ記せ。

| 1 | 水によく溶ける。

| 2 | 常温で液体である。

| 3 | 水溶液は酸性である。

| 4 | 金属ナトリウムと反応して水素を発生する。

| 5 | 塩酸とも水酸化ナトリウムとも反応して塩を形成する。

| 6 | 酢酸や無水酢酸と反応してエステルを生成する。

| 7 | 塩化鉄(Ⅲ)水溶液を滴下すると紫色に呈色する。

第5問　サリチル酸

　次の文中の　1　～　6　に当てはまるものを，下の①～⑧のうちからそれぞれ一つずつ選べ。ただし，同じものを繰り返し用いてもよい。

　ナトリウムフェノキシドの水溶液に二酸化炭素を通じると　1　が遊離して炭酸水素ナトリウムが生じるが，ナトリウムフェノキシドに高温，高圧下で二酸化炭素を作用させると　2　が生成し，これに希硫酸を加えると　3　が生成する。

　3　に無水酢酸を反応させると　4　が生成し，　3　にメタノールと濃硫酸を加えて加熱すると　5　が生成する。

　3　，　4　，　5　のうち，炭酸水素ナトリウム水溶液を加えると気体を発生して溶解するが，塩化鉄(Ⅲ)水溶液を加えても呈色しないものは　6　である。

① サリチル酸メチル　　　　　② サリチル酸エチル

③ サリチル酸　　　　　　　　④ アセチルサリチル酸

⑤ サリチル酸ナトリウム　　　⑥ 安息香酸

⑦ フェノール　　　　　　　　⑧ フタル酸

第6問　芳香族カルボン酸

次の文中の　1　～　4　に当てはまる化合物を，下の①～⑨の
うちからそれぞれ一つずつ選べ。ただし，同じものを繰り返し用いて
もよい。

ベンゼン環の炭素原子にカルボキシ基が直接結合した化合物を芳香
族カルボン酸といい，芳香族炭化水素の側鎖を酸化することにより生
成する。例えば，トルエンを過マンガン酸カリウムにより酸化すると
　1　が生成し，エチルベンゼンや $p-$キシレンを同様に酸化すると，
　2　や　3　が生成する。

キシレンには3種類の構造が考えられ，これらの酸化生成物を加熱
すると容易に酸無水物を生じるキシレンは　4　である。

① スチレン　　　　② $o-$キシレン　　　③ $m-$キシレン

④ $p-$キシレン　　⑤ 安息香酸　　　　　⑥ フタル酸

⑦ テレフタル酸　　⑧ イソフタル酸　　　⑨ 無水フタル酸

第7問　芳香族窒素化合物

　次の図は，いろいろな芳香族窒素化合物を合成する経路を示したものである。図中の　1　～　3　に当てはまる構造式および　4　～　7　に当てはまる反応名を，それぞれの解答群のうちから一つずつ選べ。

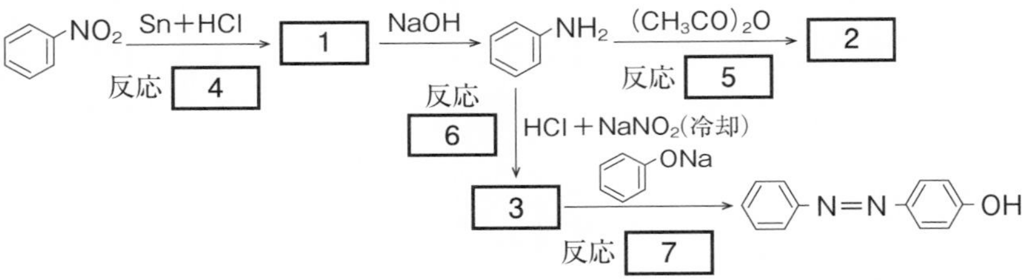

```
             Sn+HCl            NaOH              (CH₃CO)₂O
⬡-NO₂  ──────────→   1   ──────→  ⬡-NH₂  ──────────────→   2
             反応 4                                反応 5

                              反応        HCl+NaNO₂(冷却)
                               6

                                    ⬡-ONa
                             3   ──────────→  ⬡-N=N-⬡-OH
                                  反応 7
```

1 ～ 3 の解答群

①
```
    H  O
    |  ‖
⬡-N-C-CH₃
```

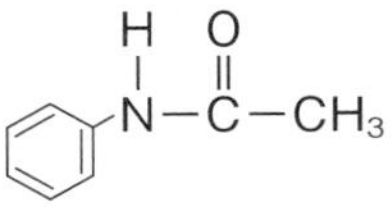

②
```
[⬡-NH₃]⁺ Cl⁻
```

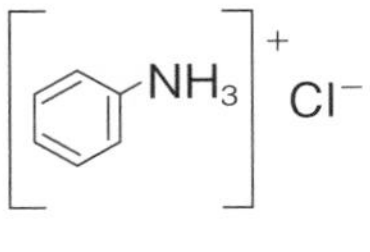

③
```
      CH₃
  O₂N    NO₂

      NO₂
```

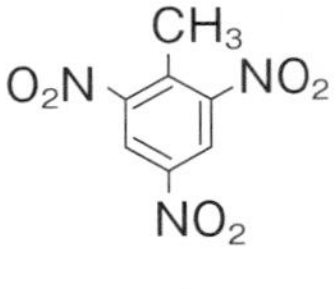

④
```
[⬡-N≡N]⁺ Cl⁻
```

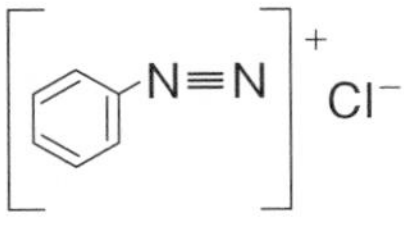

⑤
```
      OH
  O₂N    NO₂

      NO₂
```

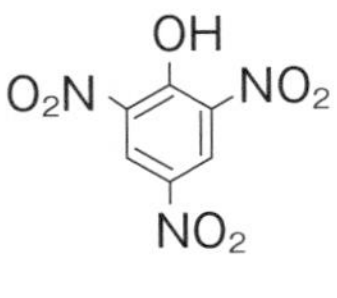

4 ～ 7 の解答群

① エステル化　　② 付加　　③ ジアゾカップリング
④ けん化　　　　⑤ 還元　　⑥ ジアゾ化
⑦ アセチル化

第8問　アニリンの性質

次の 1 ～ 7 の記述において，アニリンとフェノールのどちらにも当てはまるものには①を，アニリンのみに当てはまるものには②を，フェノールのみに当てはまるものには③を，どちらにも当てはまらないものには④をそれぞれ記せ。

1　水酸化ナトリウムと反応して塩を生成する。

2　エーテルには溶けにくいが，水にはよく溶ける。

3　無水酢酸と脱水縮合する。

4　さらし粉水溶液を加えると紫色に呈色する。

5　常温で液体である。

6　ヨードホルム反応を示す。

7　塩化ベンゼンジアゾニウムを温めると得られる。

第9問　溶解と反応の収率

次の各問い(問1・問2)に答えよ。

問1　次の(1)～(3)の記述に当てはまるものを，下の①～⑤のうちから
それぞれ一つずつ選べ。

(1)　水酸化ナトリウム水溶液にはほとんど溶けないが，塩酸には
よく溶ける。　　1

(2)　炭酸水素ナトリウム水溶液にはほとんど溶けないが，水酸化
ナトリウム水溶液にはよく溶ける。　　2

(3)　炭酸水素ナトリウム水溶液および水酸化ナトリウム水溶液の
どちらにもよく溶ける。　　3

① クメン　　　　　② アニリン　　　③ ニトロベンゼン
④ o-クレゾール　⑤ アセチルサリチル酸

問2　トルエンを濃硫酸と濃硝酸でニトロ化しp-ニトロトルエンを得た。さらに，スズと塩酸で還元してp-アミノトルエンを得た。ニトロ化と還元反応の収率は，それぞれ40％と70％であった。トルエン23gから得られるp-アミノトルエンは何gか。最も適当な数値を，下の①～⑤のうちから一つ選べ。ただし，反応式から計算した生成物の量に対する，実際に得られた生成物の量の割合を，収率という。また，原子量はH＝1.0，C＝12，N＝14，O＝16とする。　　4　　g

トルエン $\xrightarrow[40\%]{\text{ニトロ化}}$ p-ニトロトルエン $\xrightarrow[70\%]{\text{還元}}$ p-アミノトルエン

① 7.5　　② 11　　③ 15　　④ 19　　⑤ 22

第10問　抽出

ベンゼン，アニリン，安息香酸の混合物を含むジエチルエーテル溶液がある。次の(1)～(3)の操作によって分離したとき，**A，B，C**から取り出せる化合物はそれぞれ何か。最も適当な組合せを，下の①～⑤のうちから一つ選べ。 | 1 |

(1) ジエチルエーテル溶液に希塩酸を加えて振り，分離した水層を**A**とした。

(2) 水層**A**を除いた後，ジエチルエーテル層に薄い水酸化ナトリウム水溶液を加えて振り，分離したジエチルエーテル層を**B**とした。

(3) (2)の水層を**C**とした。

	A	**B**	**C**
①	アニリン	ベンゼン	安息香酸
②	ベンゼン	アニリン	安息香酸
③	安息香酸	ベンゼン	アニリン
④	アニリン	安息香酸	ベンゼン
⑤	安息香酸	アニリン	ベンゼン

第11問　物質の合成実験

次の実験**a**〜**c**を行うために，図1に示す装置**ア**〜**ウ**を考案した。実験と装置の組合せとして最も適当なものを，下の①〜⑥のうちから一つ選べ。ただし，加熱用および固定用の器具などは省略してある。

1

a エタノールを二クロム酸カリウム $K_2Cr_2O_7$ の硫酸酸性水溶液とともに加熱して，アセトアルデヒドを得る。

b エタノールに濃硫酸を加え，約 160 ℃に加熱して，エチレンを得る。

c サリチル酸にメタノールと少量の濃硫酸を加えて加熱することにより，サリチル酸メチルを得る。

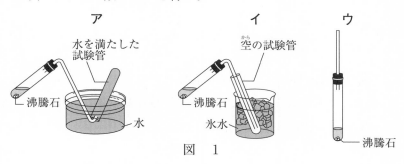

ア　　　　　　　　　　　イ　　　　　　　　ウ

水を満たした試験管　　　空の試験管

沸騰石　　　　　　　　　沸騰石

水　　　　氷水　　　　　沸騰石

図　1

	a	**b**	**c**
①	ア	イ	ウ
②	ア	ウ	イ
③	イ	ア	ウ
④	イ	ウ	ア
⑤	ウ	ア	イ
⑥	ウ	イ	ア

第12問　芳香族化合物の推定

次の各問い（問1・問2）に答えよ。

問1　C_7H_8O の分子式を有する芳香族化合物に関する次の記述（**a**・**b**）中の　1　，　2　に当てはまる数を，下の①〜⑤のうちから一つずつ選べ。ただし，同じ数を繰り返し選んでもよい。

a　全部で　1　種類の構造異性体が考えられる。

b　金属ナトリウムを加えると気体を発生するが，塩化鉄（Ⅲ）水溶液を加えても変化が認められないものは，　2　種類ある。ただし，常温で固体の物質は，融解してから反応を行うものとする。

①　1　　　　②　2　　　　③　3　　　　④　4　　　　⑤　5

問2　分子式 C_8H_9NO を有する芳香族化合物 A を加水分解すると，ギ酸とアミノ基をもつ化合物 B が得られる。芳香族化合物 A として考えられるものは何種類あるか。次の①〜⑤のうちから，最も適当な数値を一つ選べ。　3　種類

①　1　　　　②　2　　　　③　3　　　　④　4　　　　⑤　5

第13問　C₈H₈O₂ の構造決定

　化合物Ａ，Ｂはいずれも分子式 $C_8H_8O_2$ で表される芳香族化合物の
エステルである。Ａ，Ｂにそれぞれ(1)水酸化ナトリウム水溶液を加え
て加熱すると，Ａからは中性物質Ｃと酸性物質Ｄの塩が，Ｂからは酸
性物質Ｅの塩と酸性物質Ｆの塩が得られた。そこでＣ～Ｆについて調
べると，以下のことがわかった。

〔1〕　Ｃ～Ｆに炭酸水素ナトリウム水溶液を加えると，ＤとＥは
　　　(2)気体を発生した。

〔2〕　Ｃ～Ｆにアンモニア性硝酸銀水溶液を加えて加熱すると，Ｅの
　　　み銀が析出した。

〔3〕　Ｃ～Ｆに塩化鉄(Ⅲ)水溶液を加えるとＦのみ呈色した。

〔4〕　Ｃを硫酸酸性の二クロム酸カリウム水溶液で酸化して得られた
　　　物質はＥと一致した。

〔5〕　Ｆのベンゼン環の炭素原子に結合した水素原子１つを臭素原子
　　　に置換すると，２種類の化合物が生じる。

問１　下線部(1)の反応名として最も適当なものを，次の①〜④のうち
　　　から一つ選べ。　1

　　①　酸化　　　　　②　アセチル化
　　③　けん化　　　　④　エステル化

問2 　下線部(2)の気体の化学式とDとEに含まれる共通の官能基の名称として最も適当な組合せを，次の①〜⑥のうちから一つ選べ。 $\boxed{2}$

	気体	官能基
①	H_2	ヒドロキシ基
②	H_2	ホルミル基 （アルデヒド基）
③	H_2	カルボキシ基
④	CO_2	ヒドロキシ基
⑤	CO_2	ホルミル基 （アルデヒド基）
⑥	CO_2	カルボキシ基

問3 　CとDに関する記述として**誤りを含むもの**を，次の①〜⑤のうちから一つ選べ。 $\boxed{3}$

① 　Cはホルムアルデヒドを還元すると得られる。

② 　トルエンを硫酸酸性の過マンガン酸カリウムで酸化するとDが得られる。

③ 　CとDはいずれも同じ分子どうしで水素結合をつくる。

④ 　CとDはいずれもヨードホルム反応を示さない。

⑤ 　Cは金属ナトリウムと反応して水素を発生するが，Dは反応しない。

問4　次に示すエステルＡの構造式中の　4　・　5　とエステル
　　　Ｂの構造式中の　6　・　7　に当てはまるものを，下の①〜
　　　⑦のうちからそれぞれ一つずつ選べ。ただし，同じものを繰り返
　　　し選んでもよい。

エステルＡ　　　4　−C−O−　5
　　　　　　　　　　‖
　　　　　　　　　　O

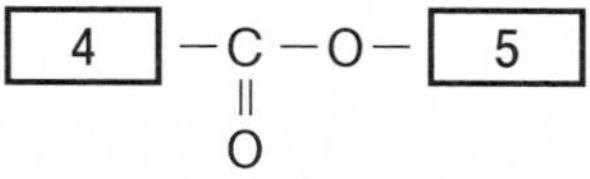

エステルＢ　　　6　−C−O−　7
　　　　　　　　　　‖
　　　　　　　　　　O

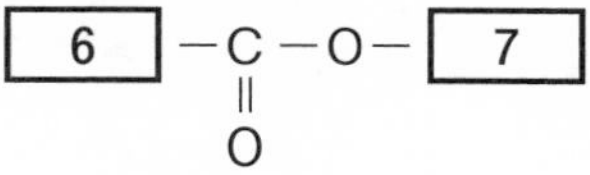

①　H−　　　②　CH₃−　　　③ 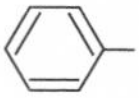 　　　④ −CH₂−

⑤ 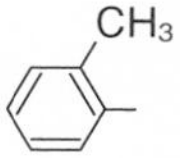 　　　⑥ 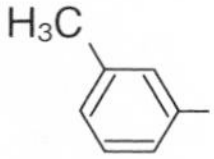 　　　⑦　CH₃−−

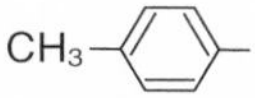

第14問　アセトアミノフェンの合成

　解熱鎮痛剤として広く利用されているものの一つにアセトアミノフェンがある。下の図は，フェノールを原料にしたアセトアミノフェンの合成経路である。

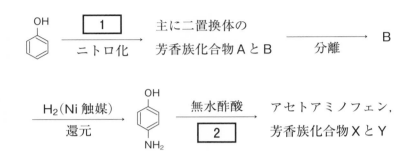

　得られたアセトアミノフェン，芳香族化合物XとYのうち，アセトアミノフェンのみが塩化鉄(Ⅲ)水溶液で呈色反応を示し，Xのみが塩酸に溶けた。

問1　　1　　に入る操作として最も適当なものを，次の①〜④のうちから一つ選べ。　　1

① 濃硫酸を加えて加熱する。

② 濃硝酸と濃硫酸の混合物を加えて加熱する。

③ 塩酸とスズを加えて加熱する。

④ 塩酸を加えた後，5℃以下に冷却しながらで亜硝酸ナトリウム水溶液を加える。

問2 [2] に入る反応名として最も適当なものを，次の①～④のうちから一つ選べ。[2]

① アセチル化　　② エステル化

③ アセタール化　　④ ジアゾ化

問3 芳香族化合物AとBの構造式として最も適当なものを，次の①～⑥のうちからそれぞれ一つずつ選べ。

芳香族化合物A [3]　　芳香族化合物B [4]

①
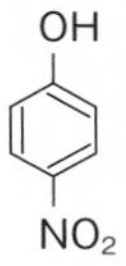

②
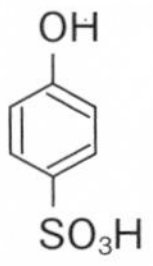

③
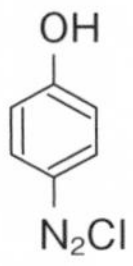

④
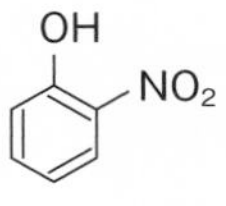

⑤
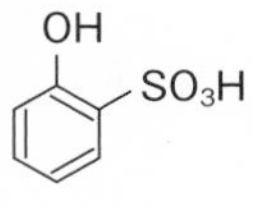

⑥
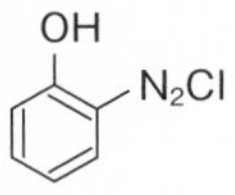

問4 アセトアミノフェン，芳香族化合物XとYの構造式は次のア〜ウのいずれかである。それらの構造式の組合せとして最も適当なものを，下の①〜⑥のうちから一つ選べ。 $\boxed{5}$

ア $CH_3-\underset{\underset{O}{\|}}{C}-O-\!\!\!\!\bigcirc\!\!\!\!-\underset{\overset{H}{|}}{N}-\underset{\underset{O}{\|}}{C}-CH_3$

分子量193

イ $CH_3-\underset{\underset{O}{\|}}{C}-O-\!\!\!\!\bigcirc\!\!\!\!-NH_2$

分子量151

ウ $HO-\!\!\!\!\bigcirc\!\!\!\!-\underset{\overset{H}{|}}{N}-\underset{\underset{O}{\|}}{C}-CH_3$

分子量151

	アセトアミノフェン	X	Y
①	ア	イ	ウ
②	ア	ウ	イ
③	イ	ア	ウ
④	イ	ウ	ア
⑤	ウ	ア	イ
⑥	ウ	イ	ア

問5 フェノール（分子量94）2.82 g からアセトアミノフェンが2.31 g 得られたすると，フェノールから得られたアセトアミノフェンの収率は何％か。最も適当な数値を，次の①〜⑤のうちから一つ選べ。ただし，収率〔％〕は反応式から計算して求めた生成物の量に対する，実際に得られた生成物の量の割合をいう。 $\boxed{6}$ ％

① 36 　　② 41 　　③ 46 　　④ 51 　　⑤ 56

第4章

天然有機化合物

第1問　糖類

問1　次の図1中の $\boxed{1}$ ～ $\boxed{7}$ に当てはまる糖と，$\boxed{8}$ ～ $\boxed{12}$ に当てはまる加水分解酵素を，それぞれの解答群のうちからそれぞれ一つずつ選べ。

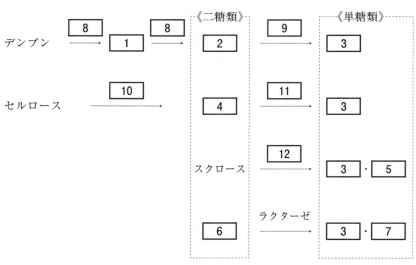

図1　糖類と加水分解酵素の関係

$\boxed{1}$ ～ $\boxed{7}$ の解答群

① セロビオース　　② グルコース　　③ マルトース

④ フルクトース　　⑤ ガラクトース　　⑥ デキストリン

⑦ ラクトース

$\boxed{8}$ ～ $\boxed{12}$ の解答群

① マルターゼ　　② インベルターゼ（またはスクラーゼ）

③ セロビアーゼ　　④ セルラーゼ

⑤ アミラーゼ

問2　単糖類と二糖類に関する記述として**誤りを含むもの**を，次の①
　　　〜⑤のうちから一つ選べ。 13

①　グルコースの不斉炭素原子の数は，環状構造よりも鎖状構造
　　の方が多い。

②　グルコースなどの単糖類の水溶液は，すべて銀鏡反応を示す。

③　二糖類にはグリコシド結合が1つある。

④　マルトースとスクロースは互いに構造異性体である。

⑤　スクロースは還元性を示さないが，スクロースを加水分解し
　　て得られた転化糖は還元性を示す。

問3　多糖類に関する記述として**誤りを含むもの**を，次の①～⑧のうちから二つ選べ。 | 14 | | 15 |

① デンプンとセルロースはともにヨウ素－ヨウ化カリウム水溶液で紫色に呈色する。

② デンプンとグリコーゲンの構成単位は同じだが，デンプンとセルロースの構成単位は互いに立体異性体である。

③ デンプンには温水に溶ける鎖状のアミロースと，温水に溶けにくい枝分かれをもつアミロペクチンがある。

④ グリコーゲンは，エネルギー源として動物の体内に蓄えられている。

⑤ セルロース分子は，分子間で多くの水素結合を形成している。

⑥ セルロースを適当な溶媒に溶かした後に，再度紡糸した再生繊維をレーヨンという。

⑦ アセテート繊維は，セルロースを無水酢酸で化学処理した半合成繊維である。

⑧ セルロースを濃硝酸と濃硫酸の混合物でニトロ化したものは火薬の原料となる。

問4　次の文中の ア ～ ウ に当てはまる語句および数値の組合せとして最も適当なものを，下の①～⑧のうちから一つ選べ。ただし，原子量は H＝1.0，C＝12，O＝16 とする。 16

　　マルトース 300 g を希硫酸と加熱して，マルトース量の 80 ％を加水分解した。得られた単糖に酵素群 ア でアルコール発酵させると，アルコールと イ が生じた。このときアルコールは理論上 ウ g 得られる。ただし，得られた単糖は 100 ％アルコール発酵したものとする。

	ア	イ	ウ
①	チマーゼ	二酸化炭素	1.9×10^2
②	リパーゼ	二酸化炭素	1.9×10^2
③	チマーゼ	水素	1.9×10^2
④	リパーゼ	水素	1.9×10^2
⑤	チマーゼ	二酸化炭素	1.3×10^2
⑥	リパーゼ	二酸化炭素	1.3×10^2
⑦	チマーゼ	水素	1.3×10^2
⑧	リパーゼ	水素	1.3×10^2

問5 次の文中の ア ・ イ に当てはまる化学式および数値の組合せとして最も適当なものを，下の①～⑥のうちから一つ選べ。ただし，原子量は $O = 16$, $Cu = 63.5$ とする。 17

アミロース，マルトース，スクロース，フルクトースをそれぞれ $5.0\,g$ ずつ含む水溶液に，過剰なフェーリング液を加えて加熱すると，赤色沈殿の ア が生じた。このとき赤色沈殿は理論上 イ g 得られる。ただし，還元性を示す糖 $1\,mol$ から赤色沈殿は $1\,mol$ 生成するものとする。

	ア	イ
①	Cu_2O	3.4
②	Cu_2O	6.0
③	Cu_2O	8.1
④	CuO	3.4
⑤	CuO	6.0
⑥	CuO	8.1

第2問　アミノ酸

問1　次の文中の　1　～　8　に当てはまるものを，下の①～⓪のうちからそれぞれ一つずつ選べ。

　　タンパク質を構成するアミノ酸は，同一の炭素原子に酸性を示す　1　基と塩基性を示す　2　基が結合している α-アミノ酸で，約　3　種類ある。そのうちヒトの体内で合成されない，または合成されにくく，食物から摂取しなければならない α-アミノ酸を　4　という。

　　α-アミノ酸は結晶中や中性の水溶液中では主に　5　，酸性の水溶液中では主に　6　，塩基性の水溶液中では主に　7　になっている。また，アミノ酸の水溶液の pH を調整してアミノ酸全体の電荷が 0 となる pH を　8　という。

①　ヒドロキシ　　②　アミノ　　　　③　カルボキシ

④　陽イオン　　　⑤　陰イオン　　　⑥　双性イオン

⑦　15　　　　　　⑧　20　　　　　　⑨　必須アミノ酸

⓪　等電点

問2　次の(i)～(v)に当てはまる α−アミノ酸を，下の①～⑨のうちからそれぞれ一つずつ選べ。

(i)　酸性アミノ酸　$\boxed{9}$ ・ $\boxed{10}$

(ii)　塩基性アミノ酸　$\boxed{11}$

(iii)　ベンゼン環を含むアミノ酸　$\boxed{12}$ ・ $\boxed{13}$

(iv)　硫黄を含むアミノ酸　$\boxed{14}$ ・ $\boxed{15}$

(v)　鏡像異性体(光学異性体)のないアミノ酸　$\boxed{16}$

① グリシン　　② システイン　　③ チロシン

④ メチオニン　⑤ グルタミン酸　⑥ アラニン

⑦ リシン　　　⑧ フェニルアラニン　⑨ アスパラギン酸

問3　次の文に関して，下の問い(**a**・**b**)に答えよ。ただし，アラニンの等電点は6.0とする。

α−アミノ酸のアラニンに無水酢酸を作用させると $\boxed{17}$ 結合をもつ化合物Aが，メタノールを作用させると $\boxed{18}$ 結合をもつ化合物Bが，それぞれ得られた。次に，pH 6.0に調整したアラニン，化合物A，化合物Bの混合水溶液を，pH 6.0の緩衝液を染み込ませたろ紙の中央部に滴下して直流電圧をかけた。その後，電気泳動後のろ紙にニンヒドリン水溶液をスプレーで噴霧し，ドライヤーで温めて呈色させると，次図の結果が得られた。

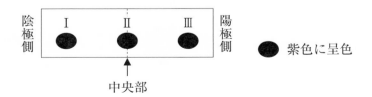

a 　17　と　18　に当てはまる語句を，次の①〜⑤のうちから
それぞれ一つずつ選べ。

① エステル　　② エーテル　　③ 水素
④ アミド　　　⑤ 炭素間二重

b　図のⅠ，Ⅱ，Ⅲの位置にある化合物の組合せを，次の①〜⑥の
うちから一つ選べ。　19

	Ⅰ	Ⅱ	Ⅲ
①	アラニン	化合物 A	化合物 B
②	アラニン	化合物 B	化合物 A
③	化合物 A	アラニン	化合物 B
④	化合物 A	化合物 B	アラニン
⑤	化合物 B	化合物 A	アラニン
⑥	化合物 B	アラニン	化合物 A

第3問 ペプチド・タンパク質

問1 次の文中の 1 ～ 6 に当てはまる語句を，下の解答群のうちからそれぞれ一つずつ選べ。

タンパク質は多くの α−アミノ酸が 1 結合で結びついた高分子である。

タンパク質の鎖状高分子は 1 結合の部分どうしで，

$\diagdown$N−H…O=C$\diagup$ のような 2 結合(…部分)をつくり，らせん状の 3 やジグザグに折れ曲がった 4 とよばれる立体構造をとる場合が多い。さらに硫黄原子どうしの 5 結合やイオン結合などによって複雑な立体構造をとる。しかし，タンパク質の水溶液を加熱したり，酸，塩基，重金属の塩などを加えると立体構造が壊れる。これをタンパク質の 6 という。

〔解答群〕

① グリコシド　　② ペプチド　　③ 水素

④ ジスルフィド　⑤ β−シート　　⑥ α−ヘリックス

⑦ 変性　　　　　⑧ 変質

問2 卵白の水溶液に対して様々な実験を行い，(i)～(vi)の結果を得た。この実験に関する記述として**誤りを含むもの**を，下の①～⑥のうちから二つ選べ。 7 8

(i) 水酸化ナトリウム水溶液と数滴の硫酸銅(Ⅱ)水溶液を加えると，赤紫色を呈した。

(ii) 濃硝酸を加えて加熱すると黄色を呈し，さらにアンモニア水を加えると橙黄色に変化した。

(iii) 水酸化ナトリウム水溶液を加えて加熱し，酢酸で中和した後に酢酸鉛(Ⅱ)水溶液を加えると黒色沈殿が生じた。

(iv) 酢酸鉛(Ⅱ)水溶液を加えると白濁した。

(v) ニンヒドリン水溶液を加えて加熱すると，紫色を呈した。

(vi) 少量の硫酸ナトリウムを加えても沈殿しないが，多量の硫酸ナトリウムを加えると白色沈殿が生じた。

① (i)の結果は，アミノ酸が3個以上結合したペプチド分子と Cu^{2+} の配位結合により起こる現象である。

② (ii)の結果より，卵白にはベンゼン環を含むアミノ酸が存在する。

③ (iii)で生じた黒色沈殿は，卵白に含まれる硫黄から生じた硫化鉛(Ⅱ)である。

④ (iv)の白濁は，卵白に含まれる塩素から生じた塩化鉛(Ⅱ)である。

⑤ (v)の呈色より，アミノ基が検出された。

⑥ (vi)の結果より，卵白が凝析したため，卵白の水溶液は疎水コロイドである。

問3　次の構造式で表されるペプチド X について，下の問い（**a**・**b**）
に答えよ。

$$\text{H}_2\text{N}-\underset{\underset{\text{CH}_3}{|}}{\text{CH}}-\underset{\underset{\text{O}}{\|}}{\text{C}}-\underset{\underset{\text{H}}{|}}{\text{N}}-\text{CH}_2-\underset{\underset{\text{O}}{\|}}{\text{C}}-\underset{\underset{\text{H}}{|}}{\text{N}}-\underset{\underset{\underset{\text{SH}}{|}}{\underset{\text{CH}_2}{|}}}{\text{CH}}-\underset{\underset{\text{O}}{\|}}{\text{C}}-\text{OH}$$

ペプチド X

a　ペプチド X を構成しているアミノ酸からなる鎖状のトリペプチ
ドは，ペプチド X の他に何種類あるか。最も適当な数値を，次の
①〜⑤のうちから一つ選べ。　 9 　種類

①　3　　　　②　4　　　　③　5　　　　④　6　　　　⑤　7

b　ペプチド X 3.0 g を溶かした水溶液に濃水酸化ナトリウム水溶
液を加えて加熱すると気体が発生した。発生した気体の物質量と
して最も適当な数値を，次の①〜⑤のうちから一つ選べ。ただし，
発生した気体はすべてペプチド X の分解によるものとする。また，
原子量は H = 1.0，C = 12，N = 14，O = 16，S = 32 とする。
10 mol

①　2.5×10^{-2}　　　②　2.8×10^{-2}　　　③　3.2×10^{-2}

④　3.6×10^{-2}　　　⑤　4.1×10^{-2}

問4　酵素に関する記述として**誤りを含むもの**を，次の①～⑦のうちから二つ選べ。　11　　12

① 酵素は，生体内の化学反応ではたらく触媒である。

② 酵素の主成分はタンパク質である。

③ 酵素の活性部位(または活性中心)と特定の基質が結合するため，酵素には基質特異性がある。

④ 酵素は反応に用いられた後，分解する。

⑤ 酵素は，温度が高くなるほど活発にはたらく。

⑥ 酵素によって最もよくはたらく pH は異なる。

⑦ 肝臓に含まれるカタラーゼは，過酸化水素を分解する酵素である。

第4問　核酸

問1　次の文中の　1　～　6　に当てはまる語句を，下の①～⑧のうちから一つずつ選べ。

　　核酸は，糖，有機塩基，　1　で構成されている　2　が縮合重合した高分子である。核酸のうち DNA は糖部分に　3　，RNA は　4　を含む。また4種類の有機塩基のうち，アデニン，グアニン，シトシンは DNA と RNA に共通であるが，残りの1種類が DNA は　5　，RNA は　6　と異なる。

① ヌクレオチド　② ヌクレオシド　　③ カルボン酸
④ リン酸　　　　⑤ デオキシリボース　⑥ リボース
⑦ ウラシル　　　⑧ チミン

問2　次の文中の　ア　～　ウ　に当てはまる語句および数値の組合せとして最も適当なものを，下の①～⑧のうちから一つ選べ。　7

　　DNA は，2本の DNA 鎖の間で特定の塩基どうしが　ア　で塩基対をつくり　イ　構造を形成している。

　　あるウイルスの DNA の塩基組成を解析したところ，全塩基数に対するシトシンの数の割合が 24 % だった。この結果よりアデニンの数の割合は　ウ　%だとわかる。

	ア	イ	ウ
①	エステル結合	二重らせん	26
②	エステル結合	直線	26
③	エステル結合	二重らせん	24
④	エステル結合	直線	24
⑤	水素結合	二重らせん	26
⑥	水素結合	直線	26
⑦	水素結合	二重らせん	24
⑧	水素結合	直線	24

第5章

合成高分子化合物

第1問　重合反応と合成高分子化合物の構造

問1　高分子化合物の重合に関する記述として下線部に**誤りを含むも**のを，次の①～⑤のうちから一つ選べ。　[1]

① 単量体(モノマー)とよばれる低分子化合物が，次々に結合して生じた高分子化合物を<u>重合体(ポリマー)</u>という。

② エチレンからポリエチレンが生じる反応のように，単量体が次々に付加反応して進行する重合を<u>付加重合</u>という。

③ アクリロニトリルと塩化ビニルからアクリル繊維が生じる反応のように，2種以上の単量体が反応して進行する重合を<u>付加縮合</u>という。

④ テレフタル酸とエチレングリコールからポリエチレンテレフタラートが生じる反応のように，単量体が次々に縮合して進行する重合を<u>縮合重合</u>という。

⑤ カプロラクタムからナイロン6が生じる反応のように，環状の単量体が開環して進行する重合を<u>開環重合</u>という。

問2　合成高分子化合物の構造と分子量に関する次の記述①～④のうちから，正しいものを一つ選べ。　[2]

① 高分子の多くは，分子が規則的に配列した結晶部分と不規則に配列した非結晶部分からなり，結晶部分が多いほど加熱により軟化する温度は高くなる。

② 一定濃度の高分子溶液の凝固点の降下度を測定することにより，高分子化合物の平均分子量を求めることができる。

③ 熱硬化性樹脂であるフェノール樹脂，尿素樹脂およびフッ素樹脂は，三次元の網目状の分子構造をもっている。

④ ポリエチレンは分子間に多くの水素結合を形成しているため，硬くて強度が大きく，ポリ容器などに用いられている。

第2問　付加重合により生じる高分子化合物

問1　高分子化合物とその原料となるモノマーの組合せとして**適当でないもの**を，次の①〜⑦のうちから一つ選べ。　$\boxed{1}$

	高分子化合物	モノマー
①	ポリスチレン	$CH_2=CH-C_6H_5$
②	ポリプロピレン	$CH_2=CH-CH_3$
③	ポリメタクリル酸メチル	$CH_2=C(CH_3)-COOCH_3$
④	ポリブタジエン	$CH_2=CH-CH=CH_2$
⑤	ポリ塩化ビニル	$CH_2=CH-Cl$
⑥	ポリ酢酸ビニル	$CH_2=CH-COOCH_3$
⑦	ポリエチレン	$CH_2=CH_2$

問2　アクリル系繊維の一つにアクリロニトリルとアクリル酸メチルを共重合させてつくった合成繊維がある。この合成繊維の窒素含量は質量パーセントで 18.8 ％であった。共重合したアクリロニトリルとアクリル酸メチルの物質量の比（アクリロニトリル：アクリル酸メチル）として最も適当なものを，次の①〜⑦のうちから一つ選べ。ただし，原子量は H＝1.0, C＝12, N＝14, O＝16とする。　$\boxed{2}$

① 1：4 　　② 1：3 　　③ 1：2 　　④ 1：1

⑤ 2：1 　　⑥ 3：1 　　⑦ 4：1

第3問 合成繊維

問1 合成繊維に関する次の記述①～⑤のうちから，**誤りを含むもの**を一つ選べ。 1

① ナイロンは絹と同じアミド結合を多く含み，鎖状の分子間で多くの水素結合を形成するので，強い繊維となっている。

② ポリエステル系の合成繊維はエステル結合を多く含み，吸湿性が小さく乾きやすい特徴がある。

③ アクリロニトリルと酢酸ビニルの共重合により生じるアクリル系繊維には，多くのエステル結合が存在する。

④ アセチレンに水を付加して生じたビニルアルコールを付加重合することにより，ポリビニルアルコールをつくっている。

⑤ ポリビニルアルコールをホルムアルデヒドでアセタール化することにより生じた繊維がビニロンであり，木綿と同じく吸湿性に富んでいる。

問2 同じ質量のナイロン66とナイロン6に含まれるアミド結合の数の比（ナイロン66：ナイロン6）として最も適当な値を，次の①～⑦のうちから一つ選べ。ただし，原子量は$H=1.0$，$C=12$，$N=14$，$O=16$とする。 2

① 4：1 ② 3：1 ③ 2：1 ④ 1：1
⑤ 1：2 ⑥ 1：3 ⑦ 1：4

問3 8.3gのテレフタル酸と3.1gのエチレングリコールから最大何gのポリエチレンテレフタラートが得られるか。最も適当な値を，次の①～⑤のうちから一つ選べ。ただし，原子量は$H=1.0$，$C=12$，$N=14$，$O=16$とする。 3 g

① 4.8 ② 6.4 ③ 9.6 ④ 11.4 ⑤ 13.2

第4問 身のまわりの高分子化合物

問1 ゴムに関する次の記述①〜⑤のうちから，**誤りを含むもの**を一つ選べ。 1

① 生ゴム（天然ゴム）を空気を断って熱分解すると，分子中に二重結合を一つ含むイソプレンが生じる。

② 生ゴム中のイソプレン単位はシス形となっており，分子が折れ曲がっている。

③ 生ゴムに数パーセントの硫黄粉末を混ぜて加熱すると，分子間に硫黄原子による架橋構造が生じて，ゴム弾性が大きくなり化学的に安定になる。

④ ブタジエンゴムの原料である 1,3−ブタジエンの分子式は C_4H_6，クロロプレンゴムの原料であるクロロプレンの分子式は C_4H_5Cl である。

⑤ スチレンと 1,3−ブタジエンを共重合させて生じるゴムは，自動車のタイヤなどに用いられている。

問2 陽イオン交換樹脂をつめたカラムに，ある濃度の塩化カルシウム水溶液 10 mL を通したのち，さらに十分な量の蒸留水を通した。カラムからのすべての流出液を中和するのに，0.10 mol/L 水酸化ナトリウム水溶液が 15.0 mL 必要であった。通じた塩化カルシウム水溶液のモル濃度として最も適当なものを，次の①〜⑥のうちから一つ選べ。 2 mol/L

① 0.015   ② 0.075   ③ 0.095   ④ 0.15

⑤ 0.75   ⑥ 0.95

問3 さまざまな高分子化合物に関する次の記述①〜⑤のうちから，誤りを含むものを一つ選べ。 3

① 高分子化合物は電気を通さないものが多いが，ポリアセチレンに適当な添加物を加えたものは，電気をよく通す。

② アクリル酸ナトリウムに適当な架橋剤を加えて網目状にした高分子化合物は，吸水性が大きく，紙おむつなどに利用されている。

③ 高分子化合物は自然の環境下では分解されにくいものが多いが，ポリ乳酸は，微生物により分解されやすいので，手術糸や容器などに用いられている。

④ ベンゼン環がエステル結合でつながった高分子化合物をアラミドといい，強度や弾性が大きく，耐熱性に優れ，防弾チョッキや防護服などに用いられている。

⑤ 炭素原子のみからなる炭素繊維は，軽くて強度が大きく，弾力性に富み，耐熱性，耐薬品性も大きいので，テニスのラケットや断熱材，航空機の材料などに用いられている。

24510

河合塾
SERIES

マーク式
基礎問題集
化学 [有機]
改訂版
解答・解説編

河合出版

第1章　有機化合物の構造と特徴

第1問　元素分析と分子式

解答

| 1 | — ⑥ | 2 | — ② | 3 | — ③ | 4 | — ④ |

解説

a　C, H, O からなる物質を燃焼させると，物質中の C は CO_2 に，H は H_2O に変化する。これらの気体を適当な別々の吸収剤に吸収させ，それぞれの気体の質量を測定すれば，物質の実験式が求まる。H_2O の吸収剤としては塩化カルシウム $CaCl_2$ が，CO_2 の吸収剤としてはソーダ石灰（NaOH と CaO の混合物を焼いたもの）が用いられる。しかし，連結順序に気をつけなければいけない。連結管**ア**にソーダ石灰を用いると，ソーダ石灰は CO_2 だけでなく，H_2O も吸収する性質があるので，CO_2 と H_2O の別々の質量が求められない。**ア**には $CaCl_2$ を用いてまず H_2O だけ吸収し，次に**イ**にソーダ石灰を用いて CO_2 を吸収する。

b・c　A 72.0 mg 中の H 原子の質量 $= 43.2 \times \dfrac{2}{18} = 4.8$ (mg)

A 72.0 mg 中の C 原子の質量 $= 105.6 \times \dfrac{12}{44} = 28.8$ (mg)

A 72.0 mg 中の O 原子の質量 $= 72.0 - (4.8 + 28.8) = 38.4$ (mg)

各原子の物質量の比　$C : H : O = \dfrac{28.8}{12} : \dfrac{4.8}{1} : \dfrac{38.4}{16}$

$$= 2.4 : 4.8 : 2.4 = 1 : 2 : 1$$

∴　組成式は CH_2O

気体の密度 d〔g/L〕と分子量 M の関係は，状態方程式より求めることができる。気体の圧力 p〔Pa〕，体積 V〔L〕，質量 w〔g〕，気体定数 R〔Pa・L/(K・mol)〕，絶対温度 T〔K〕とすると，

$$pV = \frac{w}{M}RT$$

ここで $d = \dfrac{w}{V}$ より

$$M = \frac{w}{V} \cdot \frac{RT}{p} = d \cdot \frac{RT}{p}$$

$$= 1.8 \times \frac{8.3 \times 10^3 \times 400}{1.0 \times 10^5}$$
$$= 59.7$$
$$\fallingdotseq 60$$

d 組成式の式量×n＝分子量(n は正の整数)の関係が成立する。組成式が CH_2O,
分子量が 60 より,

$$(CH_2O)_n = 60$$
$$30\,n = 60$$
$$n = 2$$
∴ 分子式は $C_2H_4O_2$

【別解】

求める分子式を $C_xH_yO_z$ とすると, 1mol の A を燃焼すると, x mol の CO_2 と $\frac{y}{2}$ mol の H_2O が生じるので, 次の関係式が成立する。

CO_2 ; $\dfrac{72.0 \times 10^{-3}}{60} \times x = \dfrac{105.6 \times 10^{-3}}{44}$ より $x = 2$

H_2O ; $\dfrac{72.0 \times 10^{-3}}{60} \times \dfrac{y}{2} = \dfrac{43.2 \times 10^{-3}}{18}$ より $y = 4$

$C_2H_4O_z = 60$ より $z = 2$

∴ 分子式は $C_2H_4O_2$

第2問　有機物の特徴と分類

【解答】

| 1 | －② | 2 | －⑥ |

【解説】

問1　①　正しい。ウェーラーが無機化合物から有機化合物を合成するまでは，生物がつくる物質を有機物に分類していた。現在では，炭素原子を含む化合物を有機化合物（ただし炭酸塩などは除く），それ以外の化合物を無機化合物に分類している。

②　誤り。有機化合物を構成している元素は，C，H，O，N，S などで，無機化合物に比べて構成元素の種類は少ない。しかし，多数の炭素原子が単結合，二重結合，三重結合により，鎖状や環状に結びつくことができるため，その種類は非常に多い。

③　正しい。ほとんどが分子性の物質である。

④　正しい。燃焼により，C は CO_2 に，H は H_2O に変化する。

⑤　正しい。水によく溶けるものもあるが，エーテルなどの有機溶媒に溶けるものが多い。

問2　①　誤り。ベンゼン環を有する化合物を芳香族化合物という。酢酸エチルは，酢酸とエタノールの脱水縮合により生じる脂肪族のエステルである。

$$酢酸エチル：CH_3-\overset{\overset{\text{O}}{\|}}{C}-O-CH_2-CH_3$$

②　誤り。メタンやエタンなどは単結合のみからなる鎖状の炭化水素なのでアルカンに，エチレン（エテン）は炭素—炭素間に二重結合を1個有するのでアルケンに，アセチレン（エチン）は炭素—炭素間に三重結合を1個有するのでアルキンにそれぞれ分類される。

③　誤り。シクロヘキサンは，それぞれの炭素原子が正四面体の中心に位置し，隣り合う炭素原子と水素原子が正四面体の各頂点に位置するので，すべての原子は同一平面上にはない。それに対して，ベンゼンの6個の炭素原子と水素原子は，すべて常に同一平面上に位置する。

シクロヘキサン

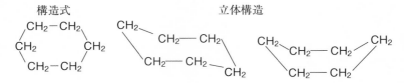

ベンゼン

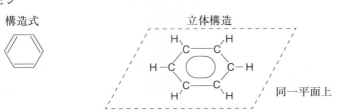

同一平面上

④　誤り。エタンは，炭素原子が正四面体の中心に位置し，その各頂点に隣り合う炭素原子と水素原子が位置しているので，すべての原子は同一平面上にはない。エチレンは，炭素原子が三角形の中心に位置し，その各頂点に隣り合う炭素原子と水素原子が位置するので，すべての原子は同一平面上にある。また，アセチレンは，2個の炭素原子と2個の水素原子が，同一直線上に並んでいる。

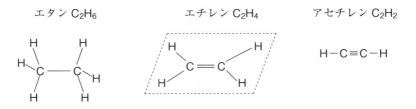

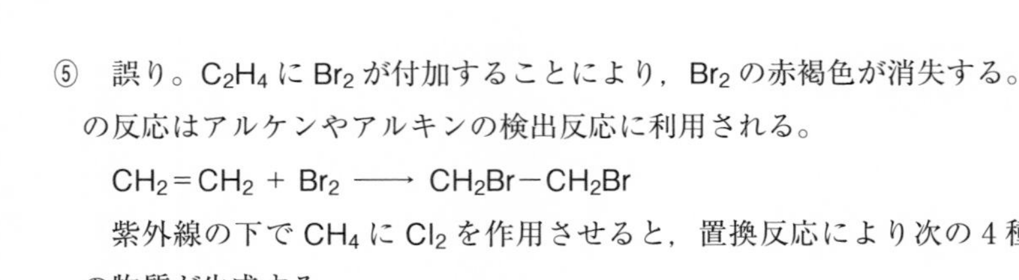

⑤　誤り。C_2H_4 に Br_2 が付加することにより，Br_2 の赤褐色が消失する。この反応はアルケンやアルキンの検出反応に利用される。

　　$CH_2=CH_2 + Br_2 \longrightarrow CH_2Br-CH_2Br$

　　紫外線の下で CH_4 に Cl_2 を作用させると，置換反応により次の4種類の物質が生成する。

$$CH_4 + Cl_2 \longrightarrow CH_3Cl + HCl$$
クロロメタン
（塩化メチル）

$$CH_3Cl + Cl_2 \longrightarrow CH_2Cl_2 + HCl$$
ジクロロメタン
（塩化メチレン）

$$CH_2Cl_2 + Cl_2 \longrightarrow CHCl_3 + HCl$$
トリクロロメタン
（クロロホルム）

$$CHCl_3 + Cl_2 \longrightarrow CCl_4 + HCl$$
テトラクロロメタン
（四塩化炭素）

⑥　正しい。(a)と(b)はともに，正四面体の中心に炭素原子が位置し，その各頂点にHとClが位置しているので，同一の物質を表している。

(c)と(d)ともにアルカンであり，正四面体の中心に各炭素原子が位置する構造なので，同一の物質2,4-ジメチルペンタンを表している。

ポイント

1．エタンは正四面体の立体構造を有するので，すべての原子は同一平面上にはない。エチレンやベンゼンのすべての原子は，同一平面上にある。アセチレンのすべての原子は同一直線上にある。

2．アルカンやベンゼンは置換反応を起こしやすく，アルケンやアルキンは付加反応を起こしやすい。

第3問　分子式と燃焼反応

解答

| 1 | — ⑤ | | 2 | — ③ |

解説

問1　アルケンの一般式は C_nH_{2n} より，燃焼反応は次のようになる。

$$C_nH_{2n} + \frac{3n}{2}O_2 \longrightarrow n\,CO_2 + n\,H_2O$$

したがって，

$$0.10 \times \frac{3n}{2} = 0.60 より \quad n = 4$$

⑤の C_4H_8 となる。

なお，分子式 C_nH_m の炭化水素において，次の三つの条件が成立することを知っておこう。

- n, m は正の整数
- $2n+2 \geqq m$
- 炭素原子の原子価は4なので，$4n$ は偶数となる。一方，水素原子の原子価は1なので，炭素原子と過不足なく結合するためには，m は偶数でなければならない。

　以上のことから，③C_3H_{10} や④C_4H_5 の分子式は考えられない。

問2　一般式で，物質の燃焼反応を書けるようにしておかねばならない。$C_nH_{2n}O_2$ を1mol燃焼するときの変化は，次のように表せる。

$$C_nH_{2n}O_2 + \frac{3n-2}{2}O_2 \longrightarrow n\,CO_2 + n\,H_2O$$

ポイント

1. 分子式 C_nH_m の炭化水素において，次の条件が成立する。
   - n, m は正の整数
   - $2n+2 \geqq m$
   - m は偶数
2. 一般式で，物質の燃焼反応が表せること。

第4問　官能基

解答

1	—⑦	2	—⑧	3	—⑤	4	—④	5	—①
6	—⑥	7	—③	8	—⑨				

解説

　有機化合物の化学的性質は，その物質が有する官能基により決まる。したがって，主な官能基の一般式，その名称および化学的性質を整理しておく必要がある。

主な官能基

酸素原子を有する官能基
- ヒドロキシ基　$R-OH$　　　・エーテル結合　$R-O-R$
- ホルミル基（アルデヒド基）　$R-CHO$
- カルボニル基　$R-CO-R$　　　・カルボキシ基　$R-COOH$
- エステル結合　$R-COO-R$　　・酸無水物　$(RCO)_2O$

窒素原子を有する官能基
- ニトロ基　$R-NO_2$　　・アミノ基　$R-NH_2$　　・アゾ基　$-N=N-$

硫黄原子を有する官能基
- スルホ基　$R-SO_3H$

　上記の官能基において，酸性を示す官能基はスルホ基，カルボキシ基およびフェノール性のヒドロキシ基の三つである。塩基性を示す官能基は，アミノ基だけである。また，ホルミル基（アルデヒド基）には還元性が有り，エステル結合をもつ物質は芳香を示す場合が多く，アゾ基をもつ物質はアゾ染料の色素になるものが多い。$R-CH=CH_2$ はビニル基といい，付加重合により生成する合成高分子の原料となる。

　官能基が同じで，炭素数のみが異なる物質を互いに同族体という。同族体は，化学的性質は類似し，沸点などの物理的性質が異なる。

ポイント

1. 酸素原子を有する官能基を整理しておこう。
2. アルコールとエーテル，アルデヒドとケトン，カルボン酸とエステルはそれぞれ互いに構造異性体になる場合が多い。

第5問　異性体

┌─解答───┐
│ 1 − ③　　 2 − ⑥　　 3 − ③　　 4 − ③　　 5 − ⑦ │
│ 6 − ① │
└───┘

解説

　異性体は次のように分類することができる。

─────────── 異性体の分類 ───────────

異性体 ┬─ 構造異性体：分子式が同じで，構造式が異なるもの
　　　　│
　　　　└─ 立体異性体 ┬─ シス−トランス異性体：C＝C が存在するため，分子の立体
　　　　　　　　　　　　　（幾何異性体）　　　　　構造が異なるもの。
　　　　　　　　　　　　　　　　　　　　　　　　（シス形とトランス形がある）
　　　　　　　　　　　├─ 鏡像異性体　　　：不斉炭素原子が存在するため，分子
　　　　　　　　　　　　　（光学異性体）　　　の立体構造が異なるもの。
　　　　　　　　　　　　　　　　　　　　　　（化学的性質は同じだが，光学的性
　　　　　　　　　　　　　　　　　　　　　　質や生理作用が異なる）

問1　C_5H_{12} の炭化水素には，次の3種類の構造異性体がある。

　　$CH_3-CH_2-CH_2-CH_2-CH_3$　　　$CH_3-CH_2-\underset{\underset{CH_3}{|}}{CH}-CH_3$

　　$CH_3-\underset{\underset{CH_3}{|}}{\overset{\overset{CH_3}{|}}{C}}-CH_3$

　　なお，炭素数4以上のアルカンから構造異性体が存在する。

問2　直鎖状の $C_4H_8Br_2$ には，次の6種類の構造異性体がある。

　① $CH_3-CH_2-CH_2-CHBr_2$　　② $CH_3-CH_2-CBr_2-CH_3$

　③ $CH_3-CH_2-CHBr-CH_2Br$　　④ $CH_3-CHBr-CH_2-CH_2Br$

　⑤ $CH_2Br-CH_2-CH_2-CH_2Br$　　⑥ $CH_3-CHBr-CHBr-CH_3$

問3　ブタンを脱水素すると，直鎖状の C_4H_8 のアルケンが3種類生成する。この
　　うち，1組（2種類）は互いにシス−トランス異性体（幾何異性体）の関係にある。

─ 8 ─

$$\begin{array}{cc} \overset{H}{\underset{CH_3}{}}C=C\overset{H}{\underset{CH_3}{}} & \overset{H}{\underset{CH_3}{}}C=C\overset{CH_3}{\underset{H}{}} \end{array} \qquad CH_3-CH_2-CH=CH_2$$

（シス形）　　　　　　　（トランス形）

　炭素－炭素間に二重結合が存在する場合には，シス－トランス異性体の存在をチェックしなければならない。シス－トランス異性体の有無を速やかに判断するためには，次のようにすればいい。次の図のように，二重結合をしている炭素原子に注目して，それぞれの炭素原子に結合している原子または原子団 A と B が異なり，かつ，C と D も異なる場合にのみ，シス－トランス異性体が存在する。

$$\overset{A}{\underset{B}{}}C=C\overset{C}{\underset{D}{}}$$

　なお，上記の 3 種類のアルケンの他に C_4H_8 のアルケンには次の枝分れのあるものがある。ただし，直鎖状のブタンの脱水素では得られない。

$$\begin{array}{c} CH_3-C=CH_2 \\ | \\ CH_3 \end{array}$$

問4
――――――――――――――――― 不斉炭素原子 ―――――――――――

　炭素原子の原子価は 4 である。この 4 本の結合手がすべて異なる原子または原子団と結合しているような炭素原子を，不斉炭素原子という。

　不斉炭素原子が存在すると，互いに鏡の実像と鏡像の関係にある構造のものは，分子式は同じであるが立体構造が異なる。これらを互いに鏡像異性体（光学異性体）といい，化学的性質は同じであるが，光学的性質や生理作用が異なる。

〔例〕　乳酸　$CH_3-{}^*CH-COOH$ （＊は不斉炭素原子を表す）
$$\qquad\qquad\qquad | \\ \qquad\qquad\qquad OH$$

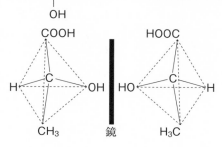

— 9 —

問2の①～⑥において，不斉炭素原子を有するものは，次の③，④および⑥の3種類である。

　③　$CH_3-CH_2-{}^*CHBr-CH_2Br$

　④　$CH_3-{}^*CHBr-CH_2-CH_2Br$

　⑥　$CH_3-{}^*CHBr-{}^*CHBr-CH_3$（＊は不斉炭素原子を表す）

　　なお，不斉炭素原子を見つける場合には，単結合をしている炭素原子で，枝分かれしている炭素原子か，または官能基が結合している炭素原子のみをチェックすればよい。

問5　**a**　正しい。光学的性質（偏光面を回転させる性質）が異なる。

　　　b　誤り。物理的性質（融点，沸点）は同じである。

　　　c　正しい。1対の鏡像異性体は，互いに鏡にうつした関係にあり，両方の化合物を重ね合わせることはできない。

　　　d　正しい。味や匂いなどの生理作用が異なる。

問6　分子式がわかっている場合，分子式から不飽和度を計算して，その物質がもっている官能基や結合様式を絞り込むことができる。

　　炭化水素または炭素原子，水素原子，酸素原子のみからなる物質において，それぞれの分子式を C_xH_y または $C_xH_yO_z$ とすると，炭素原子の数 x と水素原子の数 y より不飽和度は次の式で与えられる。

```
━━不飽和度の計算━━
```
$$不飽和度 = \frac{2x+2-y}{2}$$

　　塩素原子などの原子価1の原子が存在する場合には，その原子数の分だけ水素原子の数を増やして不飽和度を計算し，窒素原子が存在する場合には，窒素原子の数の分だけ水素原子の数を減らして不飽和度を計算する。

　　〔例〕$C_4H_8Cl_2 \longrightarrow C_4H_{10}$ として計算→不飽和度＝0

　　　　　$C_4H_8N_2O \longrightarrow C_4H_6$ として計算→不飽和度＝2

┌─ 不飽和度と官能基や結合様式の関係 ─────────────┐

不飽和度＝1の場合：二重結合1個または環構造1個

不飽和度＝2の場合：三重結合1個，二重結合2個，環構造2個，
または二重結合1個と環構造1個

ベンゼン環1個：不飽和度＝4

ナフタレン環1個：不飽和度＝7
└────────────────────────────────┘

〔官能基や結合様式の推定〕

分子式 $C_4H_8O_2$

(i) 炭素と水素の数より，不飽和度を計算する。

不飽和度＝1

選択肢①は，C＝C とエステル結合の C＝O より不飽和度≧2となり，

②〜⑥は不飽和度≧1となる。したがって，①は考えられない。

(ii) 炭素原子と水素原子以外の原子の種類と数を確認する。

酸素原子数＝2

選択肢①〜⑥はすべて酸素原子を2個もつことは可能である。(i)，(ii)より，

選択肢②〜⑥は分子式 $C_4H_8O_2$ と矛盾しない。

②〜⑥の構造式の1つとして，それぞれ次のものが考えられる。

② $CH_3-CH_2-COO-CH_3$ など。

③ $CH_2=CH-CH(OH)-CH_2-OH$ など。

④
```
   CH₂-CH₂
  O       O
   CH₂-CH₂   など。
```

⑤ $HO-CH_2-CH_2-CH_2-CHO$ など。

⑥ $CH_3-CO-CH_2-O-CH_3$ など。

```
ポイント
```
1．不飽和度を用いて，結合様式や官能基を推定できるようにしよう。

2．C＝C が存在する場合は，シスートランス異性体のチェックを忘れるな。

3．鏡像異性体は，不斉炭素原子の有無をチェックせよ。

4．鏡像異性体は，物理的，化学的性質は同じであるが，光学的性質や生理作用が異なる。

第2章 脂肪族化合物

第1問 炭化水素

解答

1 — ①	2 — ⑤	3 — ③	4 — ④	5 — ④
6 — ③	7 — ②	8 — ⑤	9 — ⑦	10 — ④
11 — ③	12 — ⑧	13 — ②	14 — ⑥	15 — ⑦
16 — ③	17 — ⑧			

解説

問1 炭素と水素だけでできている化合物は炭化水素とよばれる。**アルカン**(メタン系炭化水素)は，炭素原子間の結合がすべて単結合の鎖式炭化水素であり，その一般式は C_nH_{2n+2} で表される。

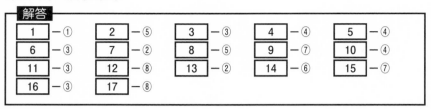

C の数が n 個のアルカンの H の数は，$2n$ 個＋両端の２個，つまり $2n+2$ 個である。

$$CH_3-CH \cdots\cdots CH_3$$
$$\overset{|}{\underset{}{CH_3}}$$

炭素骨格に枝分れがある場合も，中間の炭素原子に結合している水素原子の数が減少するが，そのぶんだけ端の炭素原子の数が増えるので，やはり，C_nH_{2n+2} になる。

アルケン(エチレン系炭化水素)は，炭素原子間の二重結合を１個もつ鎖式炭化水素であり，その一般式は C_nH_{2n} である。

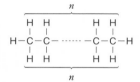

アルカンの隣り合う炭素原子に結合している水素原子２個を取り除いて，炭素原子間の二重結合にした形になっている。

アルキン（アセチレン系炭化水素）は，炭素原子間の三重結合を1個もつ鎖式炭化水素であり，その一般式は C_nH_{2n-2} である。

| アルカンの隣り合う炭素原子に結合している水素原子を4個取り除いて，炭素原子間の三重結合にした形になっている。 |

　炭化水素にはこれらの他に，炭素原子間の結合がすべて単結合の環式炭化水素である**シクロアルカン**や，ベンゼン環をもつ炭化水素である**芳香族炭化水素**などがある。

問2　炭素数3のアルケンは，$CH_2{=}CH{-}CH_3$ **プロペン**（プロピレン）である。炭素数5のシクロアルカンとしての構造異性体には，次の5種類がある。

（＊不斉炭素原子）

炭素数6のアルカンとしての構造異性体には，次の5種類がある。

$CH_3{-}CH_2{-}CH_2{-}CH_2{-}CH_2{-}CH_3$

炭素数6の芳香族炭化水素は，⬡ ベンゼンである。

問3　**a**　メタンと塩素の混合気体に光を当てると，次のような**置換反応**が起こり，CH_3Cl(クロロメタン)が生成する。

$$CH_4 + Cl_2 \longrightarrow CH_3Cl + HCl$$

b　臭素のテトラクロロメタン(四塩化炭素)溶液にエチレンを通じると，**エチレンへの臭素の付加反応**が起こり，CH_2Br-CH_2Br(1,2－ジブロモエタン)が生成するとともに，臭素の赤褐色が消える。

$$CH_2=CH_2 + Br_2 \longrightarrow CH_2Br-CH_2Br$$

c　エチレンに水を付加させると，CH_3-CH_2-OH(エタノール)が生成する。

$$CH_2=CH_2 + H_2O \longrightarrow CH_3-CH_2-OH$$

d　アセチレンに水を付加させると，$CH_3-\underset{\underset{O}{\|}}{C}-H$(アセトアルデヒド)が生成する。

$$CH\equiv CH + H_2O \longrightarrow \left(\underset{\underset{不安定}{\underset{OH}{|}}}{CH_2=CH}\right) \longrightarrow CH_3-\underset{\underset{O}{\|}}{C}-H$$

e　アセチレンに酢酸を付加させると，**エステル結合**をもつ**酢酸ビニル**$CH_2=CH-O-\underset{\underset{O}{\|}}{C}-CH_3$が生成する。

$$CH\equiv CH + CH_3COOH \longrightarrow CH_2=CH-OCOCH_3$$

ポイント

1．炭素数6までのアルカンの名称を覚えよう。
2．アルケンやアルキンへの付加反応をまとめておこう。

第2問　炭化水素の製法

解答

| 1 | − ⑤ | 2 | − ② | 3 | − ④ | 4 | − ① |

解説

主な炭化水素の実験室での製法は整理しておこう。

(1) 酢酸ナトリウムと水酸化ナトリウムの固体混合物を加熱すると，次のような カルボン酸の脱炭酸により，メタンが発生する。

$$CH_3COONa + NaOH \longrightarrow Na_2CO_3 + CH_4$$

(2) カーバイド（炭化カルシウム）に水を作用させると，次の反応により，アセチ レンが発生する。

$$CaC_2 + 2H_2O \longrightarrow C_2H_2 + Ca(OH)_2$$

(3) アセチレンを赤熱した石英管や鉄管中に通じると，次のように3分子のアセ チレンが重合して，ベンゼンが生じる。

$$3\,CH{\equiv}CH \longrightarrow \hexagon$$

(4) 160〜170℃に加熱した濃硫酸にエタノールを加えると，次のような脱水反応 により，エチレンが発生する。

$$C_2H_5OH \longrightarrow C_2H_4 + H_2O$$

ポイント

1．NaOH による CH_3COONa の脱炭酸　→　メタン CH_4

2．エタノールの分子内脱水　→　エチレン C_2H_4

3．炭化カルシウム（カーバイド）に水を作用　→　アセチレン C_2H_2

4．アセチレン3分子の重合　→　ベンゼン C_6H_6

第**3**問　アルケン

解答
| 1 | － ③ | | 2 | － ③ | | 3 | － ③ |

解説

問1　C_4H_8 のアルケンとしての異性体は，次の順序に従って考えていくとよい。

(1)　まず，炭素数 4 のアルカンの構造を考える。

C－C－C－C　と　C－C－C の 2 つである。
　　　　　　　　　　　　｜
　　　　　　　　　　　　C

(2)　先に考えたアルカンの構造に，官能基である C＝C をつくる。

C－C－C－C　──→　$\left\{\begin{array}{l} \text{C－C－C＝C} \\ \text{C－C＝C－C} \end{array}\right.$

C－C－C　──→　C－C＝C
　　｜　　　　　　　　｜
　　C　　　　　　　　C

構造異性体は 3 種類

(3)　3 種類の構造異性体に立体異性体があるかどうかをチェックする。

①　C－C－C＝C

C－C＝C－C　──→　シス－トランス異性体
　　　　　　　　　　　（幾何異性体）

②　$\underset{H}{\overset{C}{}}\text{C＝C}\underset{H}{\overset{C}{}}$　と　③　$\underset{H}{\overset{C}{}}\text{C＝C}\underset{C}{\overset{H}{}}$

④　C－C＝C
　　　｜
　　　C

よって，アルケンとしての異性体は 4 種類（①〜④）である。

問2　①〜④のアルケンに HBr を付加すると，次の臭化物がそれぞれ生成する。

①　C－C－C＝C　──→　$\left\{\begin{array}{l} \text{C－C－C－C－Br（1－ブロモブタン）} \\ \text{C－C－C－C（2－ブロモブタン）} \\ \phantom{\text{C－C－}}\text{｜} \\ \phantom{\text{C－C－}}\text{Br} \end{array}\right.$

②，③　C－C＝C－C　──→　C－C－C－C（2－ブロモブタン）
　　　　　　　　　　　　　　　　　｜
　　　　　　　　　　　　　　　　　Br

④ の反応式の右側:

C-C-C-Br（1-ブロモ-2-メチルプロパン）
　　|
　　C

Br
|
C-C-C（2-ブロモ-2-メチルプロパン）
　|
　C

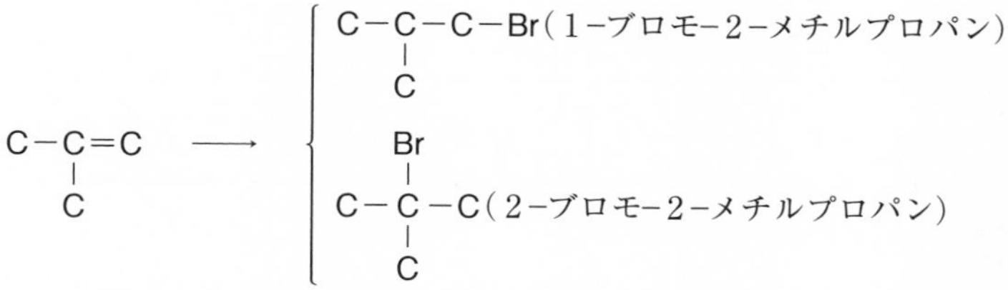

したがって，シス-トランス異性体の関係にある②，③のアルケンの2種類が，2-ブロモブタンしか生成しない。

問3

─── アルケンの構造 ───

　二重結合をしている C 原子に直接結合している原子は，常に C=C と同一平面上に存在している。

　①～④の4種類のアルケンのうち，C 原子がすべて C=C に直接結合している構造をもつものは，②，③，④の3種類である。

②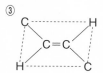

④

　①のアルケンは，すべての C 原子を同一平面上におくことはできるが，常に同一平面上にあるわけではない。

第4問　アルコールの分類と構造

　解答
| 1 | ─⑥ | 2 | ─⑦ | 3 | ─① | 4 | ─② | 5 | ─⑥ |

　解説

　アルコールは，OH基をもつ炭素原子に結合している炭化水素基の数1，2，3に応じて，それぞれ**第一級アルコール**，**第二級アルコール**，**第三級アルコール**に分類される。（CH_3OH は第一級アルコール）

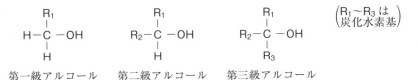

第一級アルコール　　　第二級アルコール　　　第三級アルコール

　③〜⑦の1価のアルコールのうち，③〜⑤は第一級アルコール，⑥は第二級アルコール，⑦は第三級アルコールに分類される。

　一般に，第一級アルコール，第二級アルコールは酸化されやすいが，第三級アルコールは酸化されにくい。

　また，アルコールは，OH基の数1，2，3…によって，それぞれ1価，2価，3価…に分類される。$HO-CH_2-CH_2-OH$（エチレングリコール）は代表的な2価アルコール，

$$CH_2-CH-CH_2$$
$$\quad|\quad\ \ |\quad\ \ |$$
$$OH\ \ OH\ \ OH$$

（グリセリン）は代表的な3価アルコールである。

　不斉炭素原子をもつアルコールは⑥のみである。

$$CH_3-CH_2-{}^*CH-CH_3$$
$$\qquad\qquad\quad|$$
$$\qquad\qquad OH$$
　　　　　（＊不斉炭素原子）

　ポイント

1．おもなアルコールの名称と構造式を覚えよう。

2．第一級アルコール，第二級アルコールなどのアルコールの分類とその例をまとめておこう。

第5問　エタノールの誘導体

解答

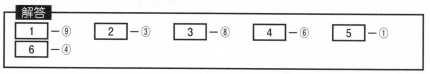

解説

　多くの脂肪族化合物の合成反応にアルコールが関与しているので，脂肪族化合物の反応はアルコールを中心に整理しておくとよい。

　エタノールに濃硫酸を加え 160～170 ℃に加熱すると，エタノール 1 分子から水 1 分子がとれてエチレンが生成する。

$$\underset{\substack{| \quad |\\ H \quad OH}}{\overset{\substack{H \quad H\\ | \quad |}}{H-C-C-H}} \xrightarrow[\text{〔濃硫酸〕}]{160\sim170\,℃} CH_2{=}CH_2 \ + \ H_2O$$

触媒を用いてエチレンに水を付加するとエタノールが生成する。

$$CH_2{=}CH_2 \ + \ H_2O \longrightarrow CH_3{-}CH_2{-}OH$$

アルコールの分子内脱水によってアルケンが生成し，アルケンへの水の付加によりアルコールが生成する。

　エタノールを酸化するとアセトアルデヒドを経て酢酸が生成する。

$$CH_3{-}CH_2{-}OH \xrightarrow[\text{酸化}]{-2H} \underset{O}{\overset{}{CH_3{-}\overset{\|}{C}{-}H}} \xrightarrow[\text{酸化}]{+O} \underset{O}{\overset{}{CH_3{-}\overset{\|}{C}{-}OH}}$$

第一級アルコールを酸化すると，アルデヒドを経てカルボン酸が生成する。

$$\underset{H}{\overset{H}{R{-}\overset{|}{\underset{|}{C}}{-}O{-}H}} \xrightarrow{-2H} \underset{O}{R{-}\overset{\|}{C}{-}H} \xrightarrow{+O} \underset{O}{R{-}\overset{\|}{C}{-}OH}$$

　エタノールと酢酸の混合物に濃硫酸を加えて温めると，エステル化の反応が起こり酢酸エチルが生成する。酢酸エチルに希硫酸を加えて加熱すると，加水分解の反応が起こり，エタノールと酢酸が生成する。

$$CH_3-\underset{\underset{O}{\|}}{C}-\boxed{OH} + CH_3-CH_2-O\boxed{H} \rightleftharpoons CH_3-\underset{\underset{O}{\|}}{C}-O-CH_2-CH_3 + \boxed{H_2O}$$

アルコールとカルボン酸のエステル化によってエステルが生成し，エステルの加水分解によってアルコールとカルボン酸が生成する。

$$R-\underset{\underset{O}{\|}}{C}-\boxed{OH} + R'-O\boxed{H} \rightleftharpoons R-\underset{\underset{O}{\|}}{C}-O-R' + \boxed{H_2O}$$

エタノールに濃硫酸を加え130〜140℃に加熱すると，エタノール2分子から水1分子がとれてジエチルエーテルが生成する。

$$CH_3-CH_2-\boxed{OH} + CH_3-CH_2-O\boxed{H} \xrightarrow[\text{〔濃硫酸〕}]{130\sim140℃} CH_3-CH_2-O-CH_2-CH_3 + \boxed{H_2O}$$

アルコールの分子間脱水によりエーテルが生成する。

$$2R-OH \longrightarrow R-O-R + H_2O$$

エタノールに金属ナトリウムを加えると，水素を発生しながら金属ナトリウムが溶けて，ナトリウムエトキシドが生成する。

$$2CH_3-CH_2-OH + 2Na \longrightarrow 2CH_3-CH_2-ONa + H_2$$

アルコールに金属ナトリウムを加えると，水素を発生しながら金属ナトリウムが溶けて，ナトリウムアルコキシドが生成する。

$$2R-OH + 2Na \longrightarrow 2R-ONa + H_2$$

ポイント

アルコールを中心に脂肪族化合物の反応をまとめておこう。

第6問 アルコールの性質

解答

| 1 |－②| 2 |－④| 3 |－⑧| 4 |－⑥| 5 |－⑤|
| 6 |－②| 7 |－②| 8 |－③|

解説

問1　アルコールの物理的性質と異性体

① 正しい。アルコールはヒドロキシ基をもち，分子間に水素結合を形成するので，分子量が同じ炭化水素に比べて沸点が高くなる。そのため，(1)～(7)のアルコールは常温，常圧ですべて液体である。なお、(8)は固体である。

② 誤り。(5)～(8)のアルコールは，分子式 $C_4H_{10}O$ で表される異性体である。分子式が同じアルコールにおいては，分子に枝分かれが多いほど，分子間に水素結合をつくりにくくなるので，沸点は低くなる。

　分子式が同じアルコールの沸点の大小関係

（ⅰ）第一級アルコール＞第二級アルコール＞第三級アルコール

　　　すなわち，(5)，(7)＞(6)＞(8)となる。

（ⅱ）同じ級のアルコールでは，枝分かれが多いほど沸点は低くなるので，(5)＞(7)となる。

③ 正しい。ヒドロキシ基は親水基であるが，炭化水素基は疎水基である。そのため，炭化水素基の炭素数が多いほど，分子中に占める親水基の割合が小さくなるので，水に溶けにくくなる。したがって，水への溶解度は(5)が最も小さい。

④ 正しい。アルコールとエーテルは異性体になりえる。エーテルは炭素数が2以上であるので，炭素数が2以上のアルコールには，異性体としてのエーテルが存在する。しかし，炭素数1の(1)メタノールには異性体は存在しない。

問2

a アセトン $CH_3-\underset{\underset{O}{\|}}{C}-CH_3$ は代表的な**ケトン**（一般式 $R-\underset{\underset{O}{\|}}{C}-R'$）である。

　一般に，**第二級アルコールを酸化すると**ケトンが生じる。

$$R-\underset{\overset{|}{O{\cdot}H}}{\overset{|}{C}\overset{\,}{H}}-R' \xrightarrow{\ -2H\ } R-\underset{\underset{O}{\|}}{C}-R'$$

アルコールの酸化によってアルデヒドやケトンが生じるとき，酸化の反応が起こっても分子中の炭素原子の数は変化しない。

　以上のことから，酸化するとアセトンを生じるアルコールは，炭素原子の数が 3 の第二級アルコールすなわち $CH_3-\underset{\underset{OH}{|}}{CH}-CH_3$（2-プロパノール）であることがわかる。

b　アルコールのなかでは，**第三級アルコールが最も酸化されにくい。**(1)〜(8)のうち，第三級アルコールは $CH_3-\underset{\underset{OH}{|}}{\overset{\overset{CH_3}{|}}{C}}-CH_3$ だけである。

c　$CH_3-CH_2-\underset{\underset{OH}{|}}{CH}-CH_3$　1 分子から水 1 分子がとれて生じるアルケンには次の 3 種類がある。

$CH_3-CH_2-\underset{\underset{OH}{|}}{CH}-CH_3 \xrightarrow{-H_2O}$

2 -ブタノール

$\underset{H}{\overset{CH_3}{\diagdown}}C=C\underset{H}{\overset{CH_3}{\diagup}}$　シス-2-ブテン

$\underset{H}{\overset{CH_3}{\diagdown}}C=C\underset{CH_3}{\overset{H}{\diagup}}$　トランス-2-ブテン

$CH_3-CH_2-CH=CH_2$　1-ブテン

問3　**d**　アルデヒドは，**フェーリング液**を還元する。

―――――― フェーリング液の還元 ――――――

　アルデヒドにフェーリング液を加えて加熱すると，フェーリング液が還元されて赤褐色の沈殿である酸化銅(I) Cu_2O が生じる。

　二クロム酸カリウムでおだやかに酸化するとアルデヒドになるアルコールは，第一級アルコールである。(1)〜(8)のうち，第一級アルコールは，(1)，(2)，(3)，(5)，(7)の 5 種類である。

e　脱水するとプロペンを生じるのは，次の 2 種類である。

$CH_3-CH_2-CH_2-OH \xrightarrow{-H_2O} CH_3-CH=CH_2$

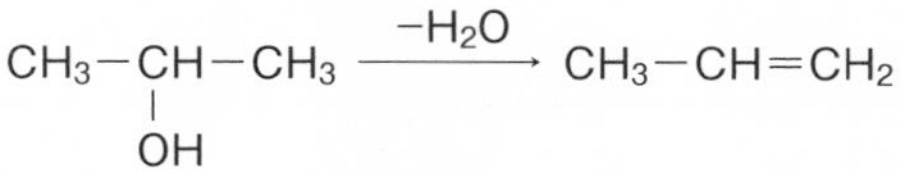

$$CH_3-CH-CH_3 \xrightarrow{-H_2O} CH_3-CH=CH_2$$
$$\quad\quad\quad |$$
$$\quad\quad OH$$

f アルコールの脱水によってアルケンが生じる反応やアルケンに水素が付
加してアルカンになる反応では，分子中の炭素原子の数および炭素骨格の
つながり方は変化しない。脱水した後，水素を付加するとブタンを生じる
アルコールは，4個の炭素原子が直鎖状につながっている(5)と(6)の2種類
である。

g ヨードホルム反応を示すアルコールは，$R-CH-CH_3$ の構造をもつ第
$$\quad\quad\quad\quad\quad\quad\quad\quad |$$
$$\quad\quad\quad\quad\quad\quad\quad OH$$

二級アルコールとエタノールである。したがって，(2)，(4)，(6)の3種類で
ある。

ポイント

アルコールの酸化およびアルコールの脱水の反応についてまとめておこう。

第**7**問 アルデヒドとケトン

解答

1	─②	2	─①	3	─③	4	─④	5	─①

6	─④

解説

─────── 銀鏡反応 ───────

　アルデヒドにアンモニア性硝酸銀溶液を加えて加熱すると，銀イオンが還元されて銀の単体が析出し，銀鏡が生成する。

　アセトアルデヒドは銀鏡反応を示すが，アセトンは銀鏡反応を示さない。

─────── ヨードホルム反応 ───────

　$R-\underset{\underset{O}{\|}}{C}-CH_3$ および $R-\underset{\underset{OH}{}}{CH}-CH_3$（R は H または炭化水素基）の構造をもつ

化合物に水酸化ナトリウム水溶液とヨウ素 I_2 を加えて温めると，特有のにおいをもったヨードホルム CHI_3 の黄色の沈殿が生成する。

　アセトアルデヒド $CH_3-\underset{\underset{O}{\|}}{C}-H$ は上の一般式の R が H の場合であり，アセトン

$CH_3-\underset{\underset{O}{\|}}{C}-CH_3$ は R が CH_3 の場合であるため，どちらもヨードホルム反応を示す。

　酢酸カルシウムを空気を断って熱分解(乾留)するとアセトンが生成する。

$$Ca(CH_3COO)_2 \longrightarrow CH_3COCH_3 + CaCO_3$$

　アセトアルデヒドとアセトンはどちらもヒドロキシ基をもっていないので，金属ナトリウムと反応して水素を発生する反応は起こらない。

　還元するとどちらもアルコールが生成する。アセトアルデヒドを還元するとエタノールになり，アセトンを還元すると 2-プロパノールになる。

─ 24 ─

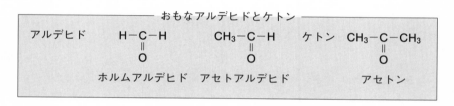

━━━━━━━━ アルコールの酸化 ━━━━━━━━

・第一級アルコール $\overset{\text{酸化}}{\underset{\text{還元}}{\rightleftharpoons}}$　アルデヒド $\overset{\text{酸化}}{\underset{\text{還元}}{\rightleftharpoons}}$　カルボン酸

・第二級アルコール $\overset{\text{酸化}}{\underset{\text{還元}}{\rightleftharpoons}}$　ケトン

　カルボニル基は親水基であるので，疎水基である炭化水素基の炭素数が少ないアセトアルデヒドとアセトンはともに水によく溶ける。

　アセトアルデヒドもアセトンも分子間に水素結合を形成しないので，分子量が同程度のアルコールやカルボン酸に比べると沸点は低い。

　CH_3CHO（分子量 44）の沸点 21 ℃

　CH_3COCH_3（分子量 58）の沸点 56 ℃

━━━━━━━━ おもなアルデヒドとケトン ━━━━━━━━

アルデヒド　　　H–C–H　　　　CH₃–C–H　　　ケトン　CH₃–C–CH₃
　　　　　　　　　 ‖　　　　　　　 ‖　　　　　　　　　 ‖
　　　　　　　　　 O　　　　　　　 O　　　　　　　　　 O

　　　　　　ホルムアルデヒド　アセトアルデヒド　　　　　アセトン

第8問 カルボン酸

解答

| 1 | ─③ | 2 | ─② | 3 | ─⑦ | 4 | ─④ | 5 | ─④ |

解説

問1 カルボン酸の性質

a メタノールを酸化するとホルムアルデヒドを経てギ酸が得られる。

$$CH_3-OH \xrightarrow[\text{酸化}]{-2H} H-\underset{\underset{O}{\|}}{C}-H \xrightarrow[\text{酸化}]{+O} H-\underset{\underset{O}{\|}}{C}-OH$$

ギ酸はカルボキシ基とともにホルミル基(アルデヒド基)をもつので銀鏡反応を示す。

$$\text{ホルミル基} \quad H-\underset{\underset{O}{\|}}{C}-OH \quad \text{カルボキシ基}$$

b 乳酸はカルボキシ基とヒドロキシ基の両方をもつヒドロキシ酸であり、不斉炭素原子をもつので、鏡像異性体(光学異性体)が存在する。

$$CH_3-\underset{\underset{OH}{|}}{\overset{*}{C}}H-\underset{\underset{O}{\|}}{C}-OH$$

（＊は不斉炭素原子を表す）

c マレイン酸とフマル酸は互いにシス－トランス異性体(幾何異性体)の関係にあるジカルボン酸である。

$$\underset{\underset{OH}{|}}{\overset{}{C}}=O \quad H \quad H \quad C=O$$

マレイン酸(シス形)　　　　　フマル酸(トランス形)

マレイン酸は2個のカルボキシ基が近接して存在するため、加熱すると容易に分子内で脱水反応が起こり、酸無水物である無水マレイン酸を生じる。

　一方，フマル酸は2個のカルボキシ基が離れて存在するため，分子内で脱水反応が起こらず，酸無水物を生じない。

問2　カルボキシ基をもつ異性体

　カルボン酸としての構造式が何通りあるかを考えるとき，書き落としが無いように，また，同じものを書かないようにしたい。そのためには，次の順序で構造式を推定していくとよい。

(i)　不飽和度＝1，酸素原子数2は，カルボキシ基1個で満足するので，炭素の骨格構造は鎖式の飽和炭化水素である。

(ii)　炭素数5の骨格構造は，次の3種類。

(iii)　上記で考えたそれぞれの炭素骨格にカルボキシ基をつくる。

　したがって，カルボン酸としての構造異性体が4種類，そのうちの1つに1組の鏡像異性体が存在するので，全部で5種類となる。

───── おもなカルボン酸 ─────

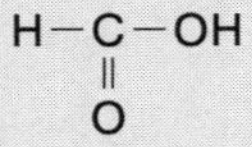

$$H-\overset{\underset{\|}{O}}{C}-OH$$

ギ 酸

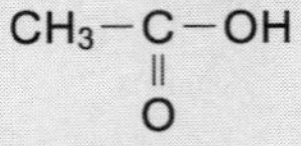

$$CH_3-\overset{\underset{\|}{O}}{C}-OH$$

酢 酸

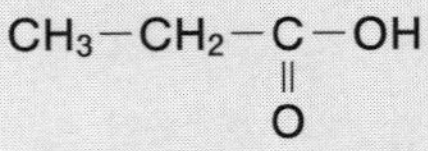

$$CH_3-CH_2-\overset{\underset{\|}{O}}{C}-OH$$

プロピオン酸

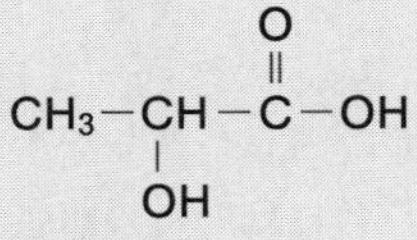

$$CH_3-\underset{\underset{OH}{|}}{CH}-\overset{\overset{O}{\|}}{C}-OH$$

乳 酸

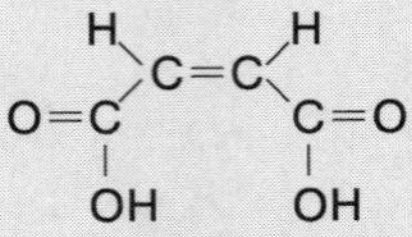

$$O=\underset{\underset{OH}{|}}{C}-\overset{H}{C}=\overset{H}{C}-\underset{\underset{OH}{|}}{C}=O$$

マレイン酸

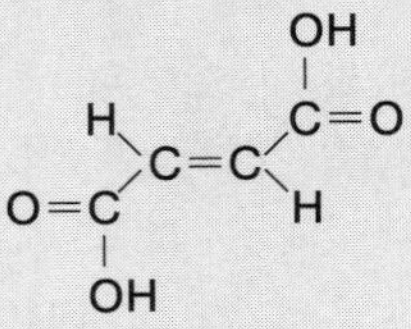

$$O=\underset{\underset{OH}{|}}{C}-\overset{H}{C}=\overset{H}{C}-\overset{\overset{OH}{|}}{C}=O$$

フマル酸

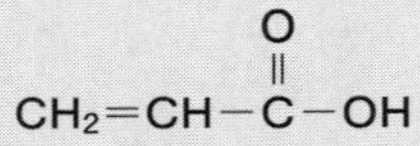

$$CH_2=CH-\overset{\overset{O}{\|}}{C}-OH$$

アクリル酸

$$HO-\overset{\overset{O}{\|}}{C}-\overset{\overset{O}{\|}}{C}-OH$$

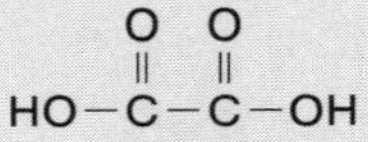

シュウ酸

第9問　油脂

解説

問1　油脂の性質

　　油脂は**高級脂肪酸**と**グリセリン**の**エステル**であり，油脂に水酸化ナトリウム水溶液を加えて加熱すると**けん化**が起こり，高級脂肪酸のナトリウム塩すなわち**セッケン**と**グリセリン**が生成する。

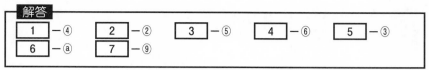

　　炭素原子間の二重結合を含まない脂肪酸の一般式は，$C_nH_{2n+1}COOH$ で表せる。二重結合が1個存在すると，H原子の数が2減少することになるので，リノレン酸 $C_{17}H_{29}COOH$ の炭素原子間の二重結合の数は，次のように計算できる。

$$(17 \times 2 + 1 - 29) \times \frac{1}{2} = 3$$

　　二重結合を多く含む油脂(不飽和の度合いが大きい油脂)は，融点が低く，常温で液体である。このような油脂を空気中に放置すると，酸化されて次第に固化する。固化しやすい油脂は乾性油と呼ばれ，塗料として用いられている。また，不飽和の度合いが大きい油脂に水素を付加させると，常温で固体の油脂が得られる。得られた固体の油脂を硬化油といい，マーガリンは植物性の油脂に水素を付加させてつくった硬化油である。

問2　けん化とヨウ素付加

　　油脂1molをけん化するのに必要な NaOH の物質量は3molであるから，油脂Bの分子量を M とすると，

$$\frac{1}{M} \times 3 = 3.44 \times 10^{-3} \qquad M = 872$$

1分子の油脂 B に含まれる C＝C の数を n とすると，1mol の B に付加するヨウ素 I_2 の物質量は n〔mol〕となるので，

$$\frac{100}{872} \times n = 1.03 \qquad n = 8.98 \fallingdotseq 9$$

　油脂 B を構成する脂肪酸は 1 種類であるから， 1 分子の脂肪酸 A に含まれる C＝C の数は，

$$\frac{n}{3} = 3$$

　なお，脂肪酸の分子量を M_A とすると，次の関係式が成立する。

$$C_3H_5(OH)_3 + 3RCOOH \longrightarrow C_3H_5(OCOR)_3 + 3H_2O$$
$$\quad 92 \qquad\qquad 3M_A \qquad\qquad\quad 872 \qquad\quad 3 \times 18$$

　反応前後で質量は変わらないから，

$$92 + 3M_A = 872 + 3 \times 18 \qquad M_A = 278$$

　脂肪酸 A は C＝C を 3 個含むので，R の炭素数を x とすると，

$$C_xH_{2x+1-6}COOH = 278 \qquad x = 17$$

　したがって，脂肪酸 A の示性式は，$C_{17}H_{29}COOH$ となる。

ポイント

1．油脂は高級脂肪酸とグリセリンのエステルである。
2．脂肪酸の不飽和度と油脂の性質を整理しておこう。
3．油脂 1 分子中に C＝C が n 個あると，油脂 1mol に I_2 は n〔mol〕付加する。
4．脂肪酸の分子量を M_1，油脂の分子量を M_2 とすると

$$92 + 3M_1 = M_2 + 3 \times 18$$

第10問　エステル

解答

| 1 | — ⑧ | 2 | — ③ | 3 | — ⑤ |

解説

(1)〜(6)のうち，(4)と(6)は**カルボン酸**であり，その他は**エステル**である。**カルボン酸は，炭酸水素ナトリウム水溶液と反応して二酸化炭素を発生させる。**

$$RCOOH + NaHCO_3 \longrightarrow RCOONa + H_2O + CO_2$$

このような反応が起こるのは，カルボン酸が炭酸よりも強い酸であるからである。エステルを加水分解するとカルボン酸とアルコールが生じる。

$$RCOOR' + H_2O \longrightarrow RCOOH + R'OH$$

(1), (2), (3), (5)の各エステルを加水分解したときに生じるカルボン酸とアルコールは次のとおりである。

(1)　H−C−OH　と　CH$_3$−CH$_2$−CH$_2$−OH
　　　　‖
　　　　O

(2)　CH$_3$−C−OH　と　CH$_3$−CH$_2$−OH
　　　　　　‖
　　　　　　O

(3)　CH$_3$−CH$_2$−C−OH　と　CH$_3$−OH
　　　　　　　　‖
　　　　　　　　O

(5)　H−C−OH　と　CH$_3$−CH−CH$_3$
　　　　‖　　　　　　　|
　　　　O　　　　　　　OH

分子量が74のカルボン酸と分子量が32のアルコールが生じるのは(3)である。加水分解によって生じたカルボン酸のうち，還元性があるのは　H−C−OH　だけである。
　　　　　　　　　　　　　　　　　　　　　　　　　　　　　‖
　　　　　　　　　　　　　　　　　　　　　　　　　　　　　O
　　　　　　　　　　　　　　　　　　　　　　　　　　　ホルミル基

ある。**ギ酸は分子中にホルミル基(アルデヒド基)をもつので還元性がある。**また，加水分解によって生じたアルコールのうち，第二級アルコールは CH$_3$−CH−CH$_3$
　　　　　　　　　　　　　　　　　　　　　　　　　　　　　　|
　　　　　　　　　　　　　　　　　　　　　　　　　　　　　　OH

だけである。

第11問 セッケン

解答

| 1 | — ② |

解説

① 正しい。セッケンは油脂を加水分解して得られる高級脂肪酸のアルカリ金属塩であり，合成洗剤は石油を原料としてつくられる。ともに，炭素数の多いアルキル基からなる疎水基と，イオン結合性の部分からなる親水基をもっている。

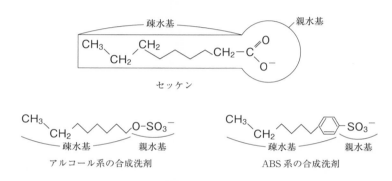

セッケン

アルコール系の合成洗剤　　　　ABS系の合成洗剤

② 誤り。セッケンは弱酸である脂肪酸と強塩基である水酸化ナトリウムの中和により生じた塩と考えられるので，水溶液中では次のように加水分解して，弱いアルカリ性を示す。

$$RCOO^- + H_2O \rightleftharpoons RCOOH + OH^-$$

③ 正しい。合成洗剤は強酸と強塩基が中和して生じた塩と考えられるので，加水分解を受けず，その水溶液は中性である。

④ 正しい。Ca^{2+} や Mg^{2+} イオンを多く含む水を硬水という。高級脂肪酸の Ca 塩や Mg 塩は水に不溶なので，硬水中ではセッケンは沈殿して泡立たない。

⑤ 正しい。合成洗剤は硬水中でも沈殿はしない。

⑥ 正しい。セッケンは微生物による分解が容易なのに対して，合成洗剤は微生物による分解を受けにくいので，合成洗剤の添加物のリン酸塩などとともに水質汚染の原因の一つになっている。現在では，リン酸塩を含まない無リンの合成洗剤や，微生物による分解が可能な構造の合成洗剤などが利用されてきている。

第12問　化合物の検出

解答

| 1 – ① | 2 – ④ | 3 – ② |

解説

　選択肢中の化合物の構造式を書き，どのような官能基を持っているかを考えて，解いていけばよい。

問1　① $H-\overset{\underset{\|}{O}}{C}-OH$　　② $CH_3-\overset{\underset{\|}{O}}{C}-H$　　③ $CH_3-\overset{\underset{\|}{O}}{C}-O-C_2H_5$

　　　④ $CH_3-\overset{\underset{\|}{O}}{C}-OH$

　カルボキシ基をもつ①と④が酸性である。ホルミル基(アルデヒド基)をもつ①と②は，還元性があるため，銀鏡反応を示す。したがって，①が解答となる。

問2　① $CH_2=CH_2$　　② $CH_3-\overset{\underset{\|}{O}}{C}-OH$　　③ $C_2H_5-O-C_2H_5$

　　　④ $\underset{H}{\overset{HOOC}{\diagdown}}C=C\underset{H}{\overset{COOH}{\diagup}}$

　酸性の官能基であるカルボキシ基をもつ②と④が，水酸化ナトリウムと中和反応する。付加反応により臭素水を脱色する物質は，C＝Cをもつ①と④である。したがって，④が解答となる。

問3　① $CH_3-CH_2-CH_2-CH_2-OH$　　② $CH_3-CH_2-\overset{\underset{\displaystyle OH}{|}}{*CH}-CH_3$
　　　　　　　　　　　　　　　　　　　　　　　(＊不斉炭素原子)

　　　③ $CH_3-\overset{\underset{\|}{O}}{C}-CH_3$　　　　　　④ $CH_3-CH_2-CH_3$

　ヒドロキシ基をもつ①と②が，ナトリウムと反応して水素を発生する。このうち不斉炭素原子をもつ物質は②である。

第13問　物質の推定

 解答

| 1 — ③ | 2 — ③ |

解説

問1　メチルエステル A のけん化の化学反応式は，次のように表される。

$$RCOOCH_3 + NaOH \longrightarrow RCOONa + CH_3OH$$

したがって，A の分子量を M_A とし，w〔g〕の A をけん化したとすると，

エステルの物質量 = NaOH の物質量より，

$$\frac{w}{M_A} = 5.00 \times \frac{20.0}{1000} \quad \cdots\cdots(1)$$

また，1分子の A に C=C の二重結合が n 個存在していたとすると，1 mol の A に n〔mol〕の H_2 が付加するから，

（A の物質量）× n =（付加した H_2 の物質量）より，

$$\frac{w}{M_A} \times n = \frac{6.72}{22.4} \quad \cdots\cdots(2)$$

(1)，(2)より，$n = 3$

一方，脂肪酸 RCOOH の R 中の C 原子数を x とすると，

飽和脂肪酸（C=C を含まない）：$C_xH_{2x+1}COOH$

C=C を n 個含む不飽和脂肪酸：$C_xH_{2x+1-2n}COOH$

A を構成している脂肪酸（3 個の C=C）：$C_xH_{2x-5}COOH$

したがって，A は $C_xH_{2x-5}COOCH_3$ となる。A の炭素数はわからなくても，この一般式になっているものを選択肢の中からさがしだすと，③ の $C_{17}H_{29}COOCH_3$ のみである。

問2 還元性を示すカルボン酸 A はギ酸 HCOOH である。炭素数が 5 のエステルなので，ギ酸の炭素数が 1 より，アルコール B の炭素数は 4 である。また $C_5H_{10}O_2$ の不飽和度は 1 であるので，アルコール B は飽和の 1 価アルコールである。炭素数が 4 の飽和 1 価アルコールは次の 4 種類が考えられる。

(1) $CH_3-CH_2-CH_2-CH_2-OH$　　　　(2) $CH_3-CH_2-{}^*CH-CH_3$
　　　　　　　　　　　　　　　　　　　　　　　　　$\underset{\displaystyle OH}{|}$

　　　　　　　　　　　　　　　　　　　　　　（＊不斉炭素原子）

(3) $CH_3-\underset{\displaystyle CH_3}{\underset{|}{CH}}-CH_2-OH$　　　　(4) $CH_3-\overset{\displaystyle OH}{\overset{|}{\underset{\displaystyle CH_3}{\underset{|}{C}}}}-CH_3$

このうち，不斉炭素原子をもつアルコール(2)が B である。

① 正しい。次の反応により，ギ酸から CO が発生する。

　　$HCOOH \longrightarrow H_2O + CO$

② 正しい。ホルムアルデヒドを酸化するとギ酸が生じる。

③ 誤り。B は第二級アルコールなので，酸化によりアルデヒドを生じない。
　　B を酸化すると，ケトン(エチルメチルケトン)が生じる。

④ 正しい。B は $R-\underset{\displaystyle OH}{\underset{|}{CH}}-CH_3$ の構造をもつので，ヨードホルム反応を示す。

ポイント

1．飽和脂肪酸の一般式：$C_nH_{2n+1}COOH$

　　二重結合を x 個含む不飽和脂肪酸の一般式：$C_nH_{2n+1-2x}COOH$

2．エステルの異性体は，エステルの炭素数をアルコールの炭素数とカルボン酸の炭素数に振り分けて考える。

第14問　アルケンのオゾン分解

　解答
　┌───┐
　│　1　－③　　　2　－②　　　3　－④　　　4　－①　　　5　－②　│
　└───┘

　解説

問1　C は，〔2〕よりホルミル基（アルデヒド基）$-\overset{\underset{\|}{O}}{C}-H$ をもち，〔3〕より

$CH_3-\overset{\underset{\|}{O}}{C}-R$ の構造をもつので，アセトアルデヒド $CH_3-\overset{\underset{\|}{O}}{C}-H$ だとわかる。

問2　アルケン 1mol に H_2 は 1mol 付加する。よって，0℃，1.013×10^5 Pa における気体のモル体積は22.4 L/mol なので，C_6H_{12} の分子量が84より，

$$\frac{0.10\,g}{84\,g/mol}\times22.4\,L/mol\times10^3 = 26.6 \fallingdotseq 27\ mL$$

問3　化合物 A をオゾン分解して生じた C はアセトアルデヒドなので，D の炭素原子の数は $6-2=4$ である。さらに，D は〔2〕よりホルミル基 $-\overset{\underset{\|}{O}}{C}-H$ をもつ

ので $CH_3-\underset{\underset{CH_3}{|}}{CH}-\overset{\underset{\|}{O}}{C}-H$ または $CH_3-CH_2-CH_2-\overset{\underset{\|}{O}}{C}-H$ のいずれかである。

よって，これらから考えられるアルケン A は 2 種類あり，それぞれに H_2 を付加させると，

$$CH_3-CH=CH-\underset{\underset{CH_3}{|}}{CH}-CH_3 \xrightarrow{\ H_2\ } CH_3-CH_2-CH_2-\underset{\underset{CH_3}{|}}{CH}-CH_3$$

$$CH_3-CH=CH-CH_2-CH_2-CH_3 \xrightarrow{\ H_2\ } CH_3-CH_2-CH_2-CH_2-CH_2-CH_3$$

したがって，〔4〕よりアルケン A は $CH_3-CH=CH-\underset{\underset{CH_3}{|}}{CH}-CH_3$ と決まる。

化合物 B をオゾン分解して生じた化合物は E のみなので，E の炭素原子の

数は $\dfrac{6}{2}=3$ である。E は〔2〕よりアルデヒド基をもたず，〔3〕より $CH_3-\overset{\|}{\underset{O}{C}}-R$

の構造をもつので，アセトン $CH_3-\overset{\|}{\underset{O}{C}}-CH_3$ だとわかる。したがって，アルケ

ン B は $CH_3-\underset{CH_3}{\overset{|}{C}}=\underset{CH_3}{\overset{|}{C}}-CH_3$ と決まる。

問4　①　正しい。C＝C 結合をつくる C 原子 2 つと，その C 原子に結合した 4 つの原子は常に同一平面上に存在する。

②　誤り。A に Cl_2 が付加すると，不斉炭素原子（＊）を 2 つもつ化合物が得られる。

$$CH_3-CH=CH-\underset{CH_3}{\overset{|}{CH}}-CH_3 \xrightarrow{\ Cl_2\ } CH_3-\overset{|}{\underset{Cl}{*CH}}-\overset{|}{\underset{Cl}{*CH}}-\overset{|}{\underset{CH_3}{CH}}-CH_3$$

③　正しい。$KMnO_4$ 水溶液にアルケンを作用させると，C＝C 結合の部分が MnO_4^- によって酸化されるため，$KMnO_4$ 水溶液の色が赤紫色から無色に変化する。この反応は C＝C 結合や C≡C 結合の検出に利用される。

④　正しい。A には次のようにシス－トランス異性体（幾何異性体）が存在するが，B には存在しない。

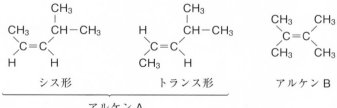

シス形　　　　　　トランス形　　　　　アルケン B

アルケン A

第15問　C$_5$H$_{12}$O の構造決定

解答

| 1 | —① | 2 | —③ | 3 | —② | 4 | —⑤ | 5 | —④ |

| 6 | —③ |

解説

問1　アルデヒドによってフェーリング液が還元されると，赤色沈殿の酸化銅(Ⅰ) Cu$_2$O を生じる。この反応はホルミル基(アルデヒド基)をもつ物質の検出に用いられる。

問2　ヨードホルム反応を示す物質は，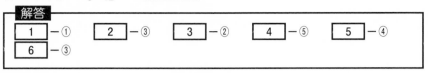 の構造
（R は H 原子または炭化水素基）
をもつ。

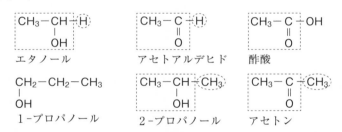

エタノール　　　　　アセトアルデヒド　　　酢酸

1-プロパノール　　　2-プロパノール　　　　アセトン

　　上記より，ヨードホルム反応を示すのはエタノールとアセトアルデヒド，2-プロパノール，アセトンの4種類である。ちなみに酢酸は —R が —OH であるためヨードホルム反応を示さない。

問3　アルコール B は酸化されないので第三級アルコールの⑤と決まる。
　　アルコール C は，酸化されるとフェーリング液を還元するアルデヒド E が生じるので，第一級アルコールである。さらに，C は不斉炭素原子をもつので④と決まる。

アルコール A は，酸化されるとフェーリング液を還元しないケトン D が生じるので，第二級アルコールである。また，D はヨードホルム反応を示し，A は不斉炭素原子（＊）をもつので，A は②か⑥のいずれかである。これらを濃硫酸でそれぞれ脱水すると，次に示すように②からはシス－トランス異性体（幾何異性体）を含めて 3 種類，⑥からは 2 種類のアルケンが生じる。したがって，A は②と決まる。

② $\underset{\underset{OH}{|}}{CH_3-\overset{*}{C}H}-CH_2-CH_2-CH_3 \xrightarrow{-H_2O}$

$CH_2=CH-CH_2-CH_2-CH_3$

$\underset{H}{\overset{CH_3}{\diagdown}}C=C\underset{H}{\overset{CH_2-CH_3}{\diagup}}$　シス形

$\underset{H}{\overset{CH_3}{\diagdown}}C=C\underset{CH_2-CH_3}{\overset{H}{\diagup}}$　トランス形

⑥ $\underset{\underset{OH}{|}}{CH_3-\overset{*}{C}H-\overset{\overset{CH_3}{|}}{C}H-CH_3} \xrightarrow{-H_2O}$

$\overset{\overset{CH_3}{|}}{CH_3-C}=CH-CH_3$

$\underset{|}{\overset{\overset{CH_3}{|}}{CH_3-CH}-CH=CH_2}$

問4　次の順序で構造式を推定していく。

（i）　分子式 $C_5H_{12}O$ で表される物質の不飽和度は，

$$\frac{2 \times 5 + 2 - 12}{2} = 0$$

よって，炭素骨格は鎖式の飽和炭化水素で，O 原子が 1 つであることからアルコールかエーテルのいずれかである。ただし，考える異性体は金属 Na と反応しないのでエーテルである。

（ii）　炭素原子の数 5 の骨格構造は，次の 3 種類である。

$C-C-C-C-C$　　　$\underset{\underset{C}{|}}{C-C-C}-C$　　　$\underset{\underset{C}{|}}{C-\overset{\overset{C}{|}}{C}-C}$

（iii）　上記のそれぞれの炭素骨格にエーテル結合 C－O－C をつくる。O 原子が導入される部分を矢印⇩で表すと，

```
 ⇓  ⇓
C–C–C–C–C  ⟶  C–O–C–C–C–C    C–C–O–C–C–C

 ⇓  ⇓  ⇓
C–C–C–C    ⟶  C–O–C–C–C    C–C–O–C–C    C–C–C–O–C
    |              |            |            |
    C              C            C            C

    C                  C
    |                  |
 ⇓  |                  |
C–C–C–C    ⟶  C–O–C–C
    |              |
    C              C
```

したがって，エーテルとしての構造異性体は6種類となる。

第16問　C₄H₆O₂ の構造決定

解答

1	─④	2	─③	3	─②	4	─④	5	─②
6	─①	7	─⑥						

解説

問1　エステル B を加水分解して得られるカルボン酸は，銀鏡反応を示すのでホルミル基（アルデヒド基）をもつ④のギ酸である。次に①〜⑤の物質の構造式を記す。

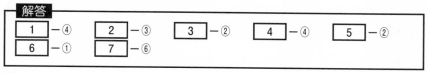

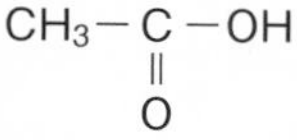

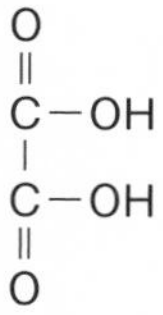

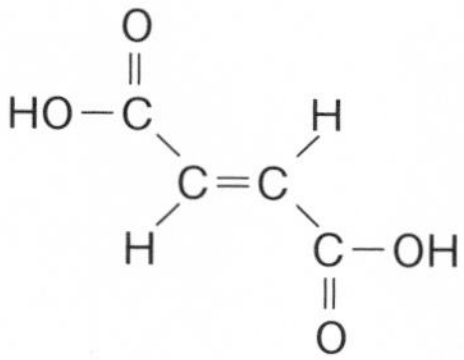

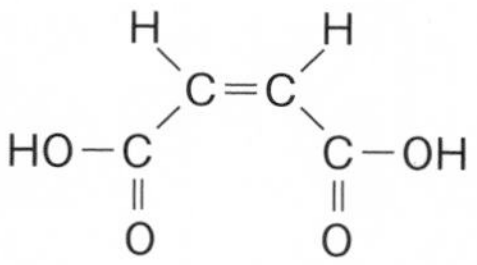

問2　化合物 D は，エステルの加水分解でアルコールとともに得られるのでカルボン酸である。Mg はイオン化傾向が大きいので，〔実験2〕でカルボン酸 D に Mg を作用させると $\underline{H_2}$ を発生する。

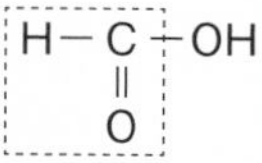

　　また，〔実験3〕はヨードホルム反応の操作なので，生じた黄色沈殿はヨードホルム $\underline{CHI_3}$ である。

問3，問4

　　分子式 C₄H₆O₂ で表される物質の不飽和度は，

$$\frac{2 \times 4 + 2 - 6}{2} = 2$$

よって，化合物 A，B には二重結合 2 つまたは，環式構造 2 つまたは，二重結合 1 つ＋環式構造 1 つのいずれかがある。ただし，化合物 A，B はともに O 原子が 2 つのエステルなので，エステル結合 $R-\underset{\underset{O}{\|}}{C}-O-R'$ を 1 つもつ。エステル結合には二重結合が 1 つあるので，化合物 A，B には他に二重結合 1 つあるいは環式構造が 1 つある。

　化合物 A を加水分解して得られたアルコールの分子量が 32 なので，C はメタノールと決まる(ヒドロキシ基 $-OH$ の式量が 17 なので，$32-17=15$ より残りの部分はメチル基 $-CH_3$ だとわかる。)。また，カルボン酸 D は炭素原子の数が $4-1=3$ で，さらに〔実験 1〕の結果と化合物 A の不飽和度から，$C=C$ 結合を 1 つもつ。したがって，化合物 D は $CH_2=CH-\underset{\underset{O}{\|}}{C}-OH$ だとわかる。以上のことから，化合物 A は $CH_2=CH-\underset{\underset{O}{\|}}{C}-O-CH_3$ と決まる。

　化合物 B を加水分解して生じたカルボン酸は，問 1 よりギ酸なので，化合物 E はアルコールだとわかる。なお，化合物 E は不安定なため化合物 F に変化している。これは $C=C$ 結合をつくる C 原子に直接ヒドロキシ基 $-OH$ が結合したエノール形が不安定で，安定なケト形に変化したからである。

$$\underset{\text{エノール形(不安定)}}{\overset{}{\underset{}{C=C\diagdown_{OH}}}} \longrightarrow \underset{\text{ケト形(安定)}}{\overset{}{-\underset{\underset{H}{|}}{C}-\underset{\underset{O}{\|}}{C}-}}$$

　この反応は，アセチレンに水を付加して得られたビニルアルコールがアセトアルデヒドに変化するときと同じである。

$$\underset{\text{ビニルアルコール(不安定)}}{CH_2=\underset{\underset{OH}{|}}{CH}} \longrightarrow \underset{\text{アセトアルデヒド(安定)}}{CH_3-\underset{\underset{O}{\|}}{C}-H}$$

　そのため，化合物 E は化合物 B の不飽和度から $C=C$ 結合を 1 つもつエノール形の構造をしており，炭素原子の数が $4-1=3$ であることから，次の 2 つのアルコールが考えられる。ただし，ケト形にそれぞれ変化したとき，化合物 F は〔実験 3〕でヨードホルム反応を示すので(点線部分の構造をもつ)，E と F

がわかる。

$$CH=CH-CH_3 \longrightarrow H-C-CH_2-CH_3$$
$$| \|$$
$$OH O$$

$$CH_2=C-CH_3 \longrightarrow CH_3-C\!-\!CH_3$$
$$| \|$$
$$OH O$$

化合物 E　　　　　　　化合物 F

Fはヨードホルム反応を示すので，化合物 B は $H-C-O-C=CH_2$ と決まる。
$$\| |$$
$$O CH_3$$

なお，問 3 において，化合物 D：$CH_2=CH-C-OH$,
$$\|$$
$$O$$

化合物 F：CH_3-C-CH_3 であることから，各選択肢を確認すると，
$$\|$$
$$O$$

①　正しい。2-プロパノールを酸化すると，F のアセトンが得られる。

$$CH_3-CH-CH_3 \xrightarrow[\text{酸化}]{} CH_3-C-CH_3$$
$$| \|$$
$$OH O$$

　　　2-プロパノール　　　　　　アセトン

②　誤り。アセチレンに酢酸が付加すると，酢酸ビニルが生じる。

$$CH\equiv CH \xrightarrow[\text{付加}]{CH_3COOH} CH_2=CH-O-C-OH_3$$
$$\|$$
$$O$$

　アセチレン　　　　　　　　　　　酢酸ビニル

③　正しい。アセトンは空気を断って酢酸カルシウムを熱分解(乾留)すると得
　られる。

$$(CH_3COO)_2Ca \xrightarrow[\text{乾留}]{} CH_3-C-CH_3$$
$$\|$$
$$O$$

　酢酸カルシウム　　　　　　　　アセトン

④　正しい。化合物 D はビニル基 $-CH=CH_2$ をもつ。

⑤　正しい。アセトンは沸点が 56℃なので，常温・常圧下で液体である。

第3章　芳香族化合物

第1問　芳香族炭化水素

解答

| 1 |－⑤　| 2 |－②　| 3 |－③　| 4 |－⑤　| 5 |－④

解説

問1　①　正しい。ベンゼンの6個の炭素原子間距離はすべて等しい。また，炭化水素の炭素原子間距離の大小関係は次のようになっている。

$$CH_3-CH_3 ＞ ベンゼン ＞ CH_2=CH_2 ＞ CH≡CH$$

②　正しい。6個のC原子と6個のH原子は，常に同一平面上にある。

③　正しい。揮発性のある液体である。

④　正しい。付加反応より置換反応を起こしやすい。

⑤　誤り。ベンゼン自体は酸化されにくい。ベンゼン環に直接結合した炭素原子は酸化されて，カルボキシ基に変化する。

問2　ベンゼン C_6H_6，トルエン $C_6H_5CH_3$，キシレン $C_6H_4(CH_3)_2$，

スチレン $C_6H_5CH=CH_2$，エチルベンゼン $C_6H_5CH_2CH_3$ のうち，炭素数が7のものは**トルエン**である。

キシレンと**エチルベンゼン**は構造異性体の関係にあるが，**キシレン**にはさらに，

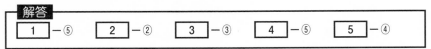

o-キシレン　　　m-キシレン　　　p-キシレン　　　の3種類の異性体が存在する。

スチレンには炭素原子間の二重結合が存在するので，付加重合によって合成高分子化合物である**ポリスチレン**が生成する。

$$n\ CH_2=CH \longrightarrow -[CH_2-CH]_n-$$

— 44 —

第2問　ベンゼン誘導体

┌─ 解答 ───┐
│ ┌─1─┐ ─⑥   ┌─2─┐ ─⑤   ┌─3─┐ ─①   ┌─4─┐ ─④   ┌─5─┐ ─③ │
└──┘

解説

問1　ベンゼン環の二重結合は，アルケンの二重結合のように特定の炭素原子間に固定されているのではなく，6個の炭素原子の間に均等に分布している。そのため，付加反応よりもむしろ**置換反応**を起こしやすい。**ベンゼンのスルホン化，ニトロ化，塩素化（クロロ化）**はいずれも**置換反応**である。

　　スルホン化；ベンゼンと濃硫酸を反応させると**ベンゼンスルホン酸**が生じる。

$$\text{〔ベンゼン〕} + H_2SO_4 \longrightarrow \text{〔ベンゼン〕}^{SO_3H} + H_2O$$

　　ニトロ化；ベンゼンに濃硫酸と濃硝酸の混合物を作用させると**ニトロベンゼン**が生じる。

$$\text{〔ベンゼン〕} + HNO_3 \longrightarrow \text{〔ベンゼン〕}^{NO_2} + H_2O \quad \text{（濃硫酸は触媒）}$$

　　塩素化；ベンゼンに鉄粉と塩素を作用させると**クロロベンゼン**が生じる。

$$\text{〔ベンゼン〕} + Cl_2 \longrightarrow \text{〔ベンゼン〕}^{Cl} + HCl \quad \text{（鉄粉は触媒）}$$

　　ベンゼンとプロペンを反応させると**クメン**が生じる。

$$\text{〔ベンゼン〕} + CH_3-CH=CH_2 \longrightarrow \text{〔ベンゼン〕}-\overset{\displaystyle CH_3}{\underset{}{CH}}-CH_3$$

問2　C_8H_{10} の不飽和度は4であり，ベンゼン環1個で不飽和度は4となるので，側鎖には不飽和結合は存在しない。C_8H_{10} において，6個の炭素はベンゼン環に用いられるから，残り2個の炭素が側鎖になる。2個の炭素原子からなる側鎖は，1個のエチル基 $-CH_2-CH_3$ からなる一置換体か2個のメチル基 $-CH_3$ からなる2置換体の2通りある。

1 置換体：エチルベンゼン

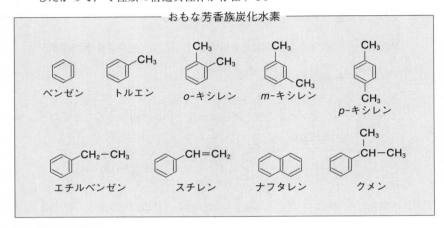

2 置換体：*o*-キシレン，　　　　*m*-キシレン，　　　　*p*-キシレン

したがって，4 種類の構造異性体が存在する。

┌─────────────── おもな芳香族炭化水素 ───────────────┐

ベンゼン　　トルエン　　*o*-キシレン　　*m*-キシレン　　*p*-キシレン

エチルベンゼン　　スチレン　　ナフタレン　　クメン

└──┘

ポイント

スルホン化やニトロ化などのベンゼンの置換反応をまとめておこう。

第3問　フェノールの製法

解答

| 1 | — ⑥ | 2 | — ④ | 3 | — ⑨ | 4 | — ② | 5 | — ③ |
| 6 | — ⑤ | | | | | | | | |

解説

　ベンゼンスルホン酸のナトリウム塩と**水酸化ナトリウム**の固体混合物を加熱して融解(アルカリ融解)すると，**ナトリウムフェノキシド**が生成する。

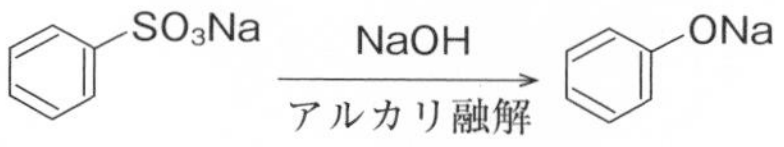

　ナトリウムフェノキシドの水溶液に**二酸化炭素**を通じると，炭酸はフェノールよりも強い酸であるため，**フェノール**が生成する。

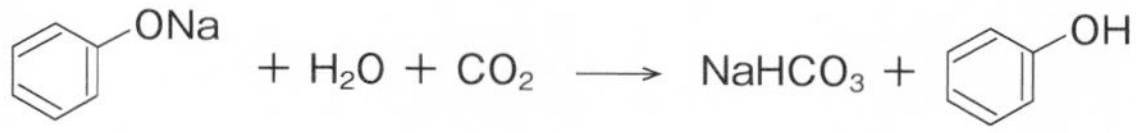

　フェノールを工業的につくるには，**クメン法**とよばれる次のような方法が用いられている。**ベンゼン**と**プロペン**から**クメン**をつくり，これを酸化したのち，酸を用いて分解すると，フェノールと同時に**アセトン**が得られる。

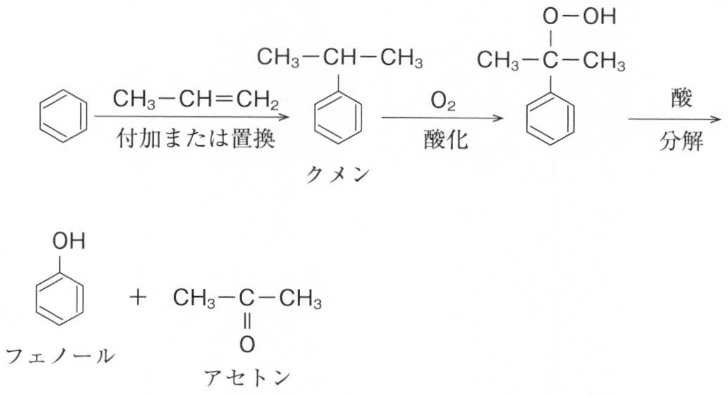

　ベンゼン環の炭素原子にヒドロキシ基が直接結合した化合物を一般に**フェノール類**という。フェノール類には，フェノールの他に**クレゾール** $C_6H_4(OH)CH_3$ などがある。

おもなフェノール類

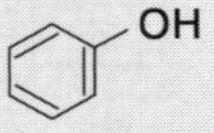

OH

フェノール

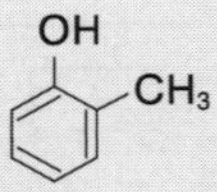

OH
CH3

o-クレゾール

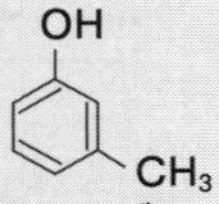

OH
CH3

m-クレゾール

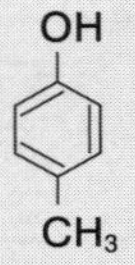

OH
CH3

p-クレゾール

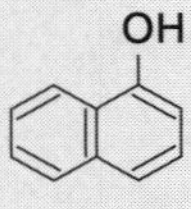

OH

1-ナフトール

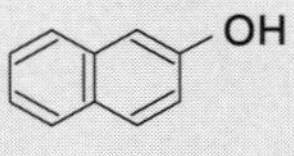

OH

2-ナフトール

ポイント

代表的なフェノールの合成法をまとめておこう。

第4問 フェノールの性質

【解答】

| 1 | －② | 2 | －② | 3 | －③ | 4 | －① | 5 | －④ |

| 6 | －① | 7 | －③ |

【解説】

1 どちらも親水基であるヒドロキシ基 $-OH$ をもつ。エタノールは疎水基である炭化水素基の炭素数が2であるが，フェノールは炭素数6のフェニル基 $-C_6H_5$ をもつので，エタノールは水によく溶けるが，フェノールは水に溶けにくい。一般に，親水基をもち，疎水基の炭化水素の炭素数が4を超えない物質は，水によく溶ける。

2 フェノールの構造は平面状なので，エタノールと比較して分子間の接触表面積が大きくなる。したがって，常温でエタノールは液体，フェノールは固体である。

3 エタノールは中性であるが，フェノールは酸性である。これは，フェニル基が電気陰性度の大きい原子団と同じ働きをするので，$O-H$ 間の結合の極性が大きくなるためである。

4 どちらもヒドロキシ基 $-OH$ をもつので，Na と反応して H_2 を発生する。

5 アルコールのヒドロキシ基は中性，フェノールのヒドロキシ基は酸性であるので，アルコールは酸とも塩基とも反応しないが，フェノールは酸とは反応しないが，塩基とは反応する。

6 ヒドロキシ基はカルボン酸や酸無水物と脱水縮合により，エステル結合を形成する。

$$R-OH \quad \xrightarrow{CH_3COOH} \quad R-O-\overset{O}{\underset{||}{C}}-CH_3 \ + \ H_2O$$

$$R-OH \quad \xrightarrow{(CH_3CO)_2O} \quad R-O-\overset{O}{\underset{||}{C}}-CH_3 \ + \ CH_3COOH$$

7 ベンゼン環の炭素原子に結合したヒドロキシ基をもつ物質は，$FeCl_3$ と反応して紫色の錯イオンを形成するので，フェノール類の検出反応として用いられる。

第5問 サリチル酸

解答
| 1 | — ⑦ | | 2 | — ⑤ | | 3 | — ③ | | 4 | — ④ | | 5 | — ① |
| 6 | — ④ |

解説

〔フェノールからサリチル酸の合成〕

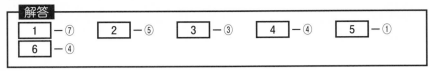

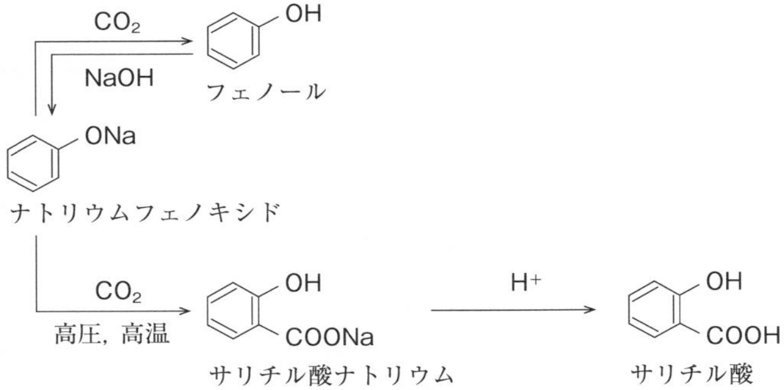

〔サリチル酸からサリチル酸誘導体の合成〕

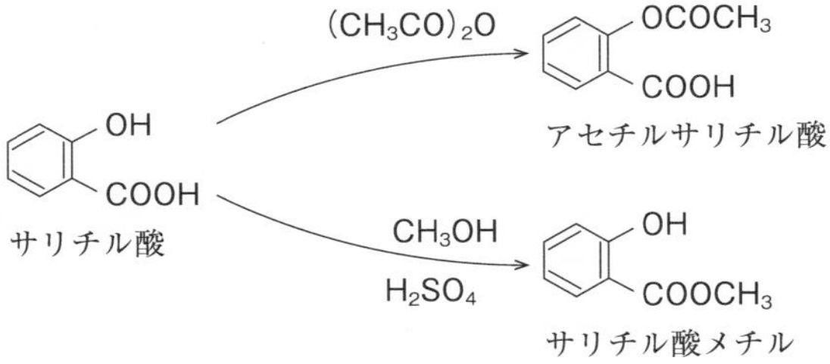

カルボキシ基は $NaHCO_3$ と反応して CO_2 を発生し，フェノール類は $FeCl_3$ で紫色に呈色する。

サリチル酸とその誘導体の識別法

	$NaHCO_3$ 水溶液	$FeCl_3$ 水溶液
サリチル酸	CO_2 を発生	紫色に呈色
アセチルサリチル酸	CO_2 を発生	呈色しない
サリチル酸メチル	変化なし	紫色に呈色

第6問 芳香族カルボン酸

解答

| 1 | — ⑤ | 2 | — ⑤ | 3 | — ⑦ | 4 | — ② |

解説

　芳香族炭化水素の側鎖(ベンゼン環に結合した炭素鎖)を $KMnO_4$ などの酸化剤で酸化すると，ベンゼン環に結合した C 原子がカルボキシ基 −COOH に変化する。

- ベンゼン環−CH₃ ──酸化→ ベンゼン環−COOH
　トルエン　　　　　　　安息香酸

- ベンゼン環−CH₂−CH₃ ──酸化→ ベンゼン環−COOH
　エチルベンゼン　　　　　　　安息香酸

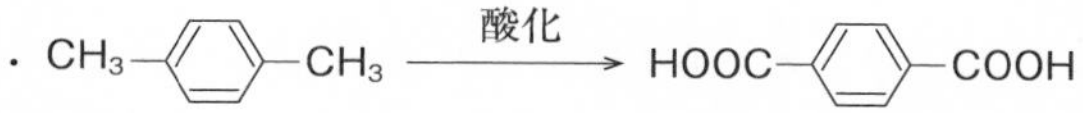

- CH₃−ベンゼン環−CH₃ ──酸化→ HOOC−ベンゼン環−COOH
　p-キシレン　　　　　　　　　テレフタル酸

　カルボキシ基がオルトの位置に隣接しているフタル酸は，加熱することにより，脱水して無水フタル酸に変化するが，メタやパラの位置に二つのカルボキシ基が存在するイソフタル酸やテレフタル酸は，カルボキシ基間の距離が大きいので分子内で酸無水物をつくれない。

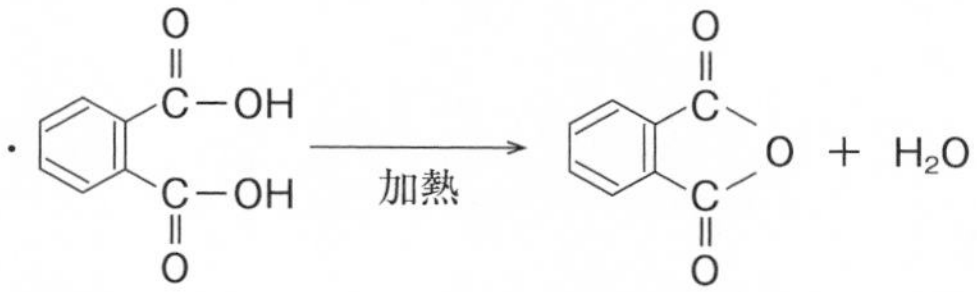

- フタル酸 ──加熱→ 無水フタル酸 + H_2O
　フタル酸　　　　　　　無水フタル酸

───── おもな芳香族カルボン酸 ─────

安息香酸　　フタル酸　　テレフタル酸　　サリチル酸

第**7**問　芳香族窒素化合物

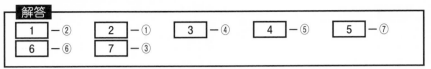

1	－②	2	－①	3	－④	4	－⑤	5	－⑦
6	－⑥	7	－③						

解説

ニトロベンゼンをスズと塩酸を用いて**還元**すると，アニリン塩酸塩が生成する。

$$\underset{}{\bigcirc}\text{NO}_2 \xrightarrow[還元]{\text{Sn + HCl}} \bigcirc\text{NH}_3\text{Cl}$$

アニリン塩酸塩を水酸化ナトリウムと反応させると，弱塩基の**アニリン**が遊離する。

$$\bigcirc\text{NH}_3\text{Cl} + \text{NaOH} \longrightarrow \bigcirc\text{NH}_2 + \text{NaCl} + \text{H}_2\text{O}$$

アニリンと**無水酢酸**を反応させると，**アセチル化**により**アセトアニリド**が生成する。

$$\bigcirc\text{NH}_2 + (\text{CH}_3\text{CO})_2\text{O} \longrightarrow \bigcirc\overset{\text{H}}{\underset{}{\text{N}}}-\overset{\text{O}}{\underset{}{\text{C}}}-\text{CH}_3 + \text{CH}_3\text{COOH}$$

アニリンの塩酸溶液を氷で冷却しながら**亜硝酸ナトリウム** NaNO_2 と反応させると，**ジアゾ化**が起こり，**塩化ベンゼンジアゾニウム**が生成する。

$$\bigcirc\text{NH}_2 + 2\,\text{HCl} + \text{NaNO}_2 \xrightarrow[ジアゾ化]{} \bigcirc\text{N}_2\text{Cl} + \text{NaCl} + 2\,\text{H}_2\text{O}$$

塩化ベンゼンジアゾニウムの水溶液にナトリウムフェノキシドの水溶液を加えると，ジアゾカップリングが起こり，橙赤色の染料である ***p*－フェニルアゾフェノール**（***p*－ヒドロキシアゾベンゼン**）が生成する。

$$\bigcirc\text{N}_2\text{Cl} + \bigcirc\text{ONa} \xrightarrow[ジアゾカップリング]{} \bigcirc\text{N}=\text{N}\bigcirc\text{OH} + \text{NaCl}$$

ポイント

アニリンを中心に，主な芳香族窒素化合物の合成経路をまとめておこう。

第8問　アニリンの性質

解答

1 － ③	2 － ④	3 － ①	4 － ②	5 － ②

6 － ④	7 － ③

解説

1　NaOH と反応して塩を生成する物質は，酸のフェノールである。アニリンは塩基なので，酸とは反応するが塩基とは反応しない。

$$\langle\!\!\bigcirc\!\!\rangle\text{—OH} + \text{NaOH} \longrightarrow \langle\!\!\bigcirc\!\!\rangle\text{—ONa} + \text{H}_2\text{O}$$

2　どちらもフェニル基—$\langle\!\!\bigcirc\!\!\rangle$をもつので，エーテルにはよく溶けるが，水には溶けにくい。

3　無水酢酸は**アセチル化**を起こすときに使われる。アセチル化とは，−OH や −NH$_2$ の H 原子とアセチル基 −CO−CH$_3$ が置換する反応である。−OH がアセチル化するとエステル結合が生じ，−NH$_2$ がアセチル化するとアミド結合が生じる。なお，無水酢酸は 2 つのアセチル基が O 原子により結合した構造をもつ。

無水酢酸 ： $\underset{\;\;\overset{\|}{O}\quad\;\;\overset{\|}{O}}{\text{CH}_3\text{—C—O—C—CH}_3}$ （示性式：(CH$_3$CO)$_2$O）

・$\langle\!\!\bigcirc\!\!\rangle$—OH + (CH$_3$CO)$_2$O ⟶ $\langle\!\!\bigcirc\!\!\rangle$—O—$\overset{O}{\overset{\|}{C}}$—CH$_3$ + CH$_3$COOH

・$\langle\!\!\bigcirc\!\!\rangle$—NH$_2$ + (CH$_3$CO)$_2$O ⟶ $\langle\!\!\bigcirc\!\!\rangle$—NH—$\overset{O}{\overset{\|}{C}}$—CH$_3$ + CH$_3$COOH

4　ベンゼン環に直接アミノ基 −NH$_2$ が結合した構造をもつ化合物は，さらし粉水溶液を加えると紫色に呈色するので，アニリンの検出反応に用いられる。

5　常温でアニリンは液体，フェノールは固体である。どちらも水素結合を分子間に形成するので，同程度の分子量をもつ物質に比べて，融点や沸点は高くなる。

6   ヨードホルム反応を示す物質は，R−C−CH₃ の構造をもつケトン，
　　　　　　　　　　　　　　　　　　　　‖
　　　　　　　　　　　　　　　　　　　　O

R−CH−CH₃ の構造をもつ第二級アルコールおよびアセトアルデヒドとエタノー
　　｜
　　OH

ルである。したがって，どちらも示さない。

7   塩化ベンゼンジアゾニウムは不安定なので，冷却しないと次のように
加水分解を起こして，フェノールと窒素に分解する。したがって，冷却しないと，
ジアゾニウム塩は得られない。

・〈〉−N₂Cl ＋ H₂O ──→ 〈〉− OH ＋ N₂ ＋ HCl

ポイント

アニリンとフェノールの性質を比較して整理しておこう。

第9問 溶解と反応の収率

解答

| 1 | － ② | 2 | － ④ | 3 | － ⑤ | 4 | － ① |

解説

問1

───── 芳香族化合物の溶解性 ─────

芳香族化合物のほとんどは，水には溶けにくく，エーテルなどの有機溶媒に溶けやすい。

中和反応によって塩になると，水に溶け，エーテルには溶けにくくなる。

(1) アニリンのような塩基性物質は，塩酸のような酸と反応して塩を生成し，水に溶けるようになる。

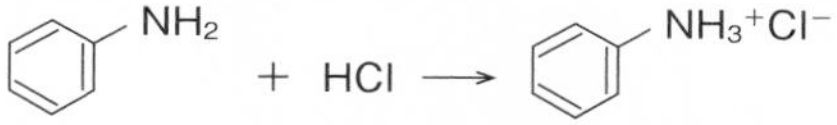

(2) o-クレゾールのようなフェノール類(ベンゼン環に直接結合したヒドロキシ基をもつ化合物)は，炭酸よりも弱い酸であり，炭酸水素ナトリウムとは反応しないが，水酸化ナトリウムのような強塩基と反応して塩を生成し，水に溶けるようになる。

(3) アセチルサリチル酸のようなカルボン酸は，炭酸よりも強い酸であり，炭酸水素ナトリウム水溶液と反応して塩を生成して溶解する。また，水酸化ナトリウム水溶液にも溶解する。

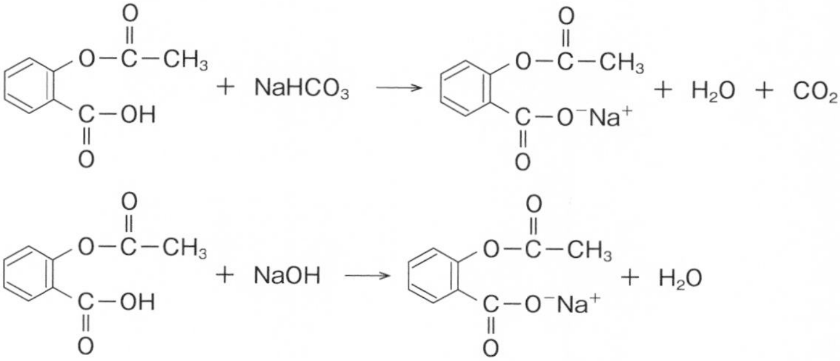

問2　合成反応の収率

　　反応式より，1 mol のトルエン CH_3—⟨⟩ から 1 mol の p-ニトロトルエン

CH_3—⟨⟩—NO_2 を経て 1 mol の p-アミノトルエン CH_3—⟨⟩—NH_2 が得

られる。したがって，p-アミノトルエンの量は，次の式で与えられる。

$$\frac{23}{92} \times \frac{40}{100} \times \frac{70}{100} \times 107 = 7.49 \,(\text{g})$$

　　ただし，用いたトルエンの物質量 $= \dfrac{23}{92}$（mol）

　　　　　生じた p-ニトロトルエンの物質量 $= \dfrac{23}{92} \times \dfrac{40}{100}$（mol）

　　　　　生じた p-アミノトルエンの物質量 $= \dfrac{23}{92} \times \dfrac{40}{100} \times \dfrac{70}{100}$（mol）

　　　　　p-アミノトルエンの分子量 $= 107$

第10問 抽出

解説

　水に溶け有機溶媒には溶けにくい物質と有機溶媒に溶けるが水には溶けにくい物質を，分液ろうとを用いてそれぞれ水層と有機層に分離させる方法が抽出である。

　芳香族化合物は，一般に水に溶けにくいがエーテルなどの有機溶媒にはよく溶ける。しかし，塩にすると有機溶媒には溶けにくくなり，水にはよく溶けるようになる。すなわち，酸性や塩基性の有機物は，塩にすることにより水層に分離することができる。

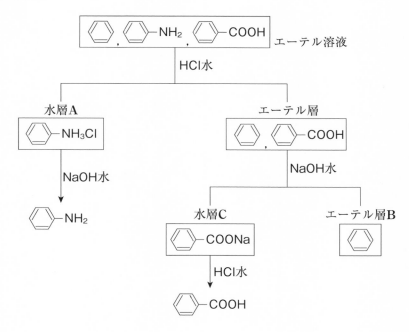

第11問　物質の合成実験

┌ 解答 ─────────────────────────────┐
│ 1 － ③   │
└─────────────────────────────────┘

解説

a　加熱操作によりアセトアルデヒド CH_3CHO の気体が発生する。アセトアルデヒドの沸点は $20\,℃$ なので，冷却することにより液体にすることができる。アセトアルデヒドは水に溶けやすいので，水上置換は用いられない。

b　エチレンは水に溶けにくい気体であるから，水上置換法で捕集する。

$$CH_3-CH_2-OH \longrightarrow CH_2=CH_2 + H_2O$$

c　サリチル酸メチル（サロメチール）は，融点 $-8\,℃$，沸点 $223\,℃$ なので，室温で液体である。メタノールは沸点 $65\,℃$ なので，加熱により揮発性の物質が失われないように，還流冷却管として細長いガラス管をつけて合成を行う。

　　サリチル酸　　　　　　　　　　　　　サリチル酸メチル

　サリチル酸とサリチル酸メチルを分離するには，試験管に $NaHCO_3$ 水溶液を加えてよく混合した後，水層と有機層に分離する。水層にはサリチル酸がサリチル酸ナトリウムとして存在し，有機層にサリチル酸メチルが存在する。

第12問　芳香族化合物の推定

解答
| 1 |－⑤　　| 2 |－①　　| 3 |－④

解説

問1　芳香族化合物 C_7H_8O の異性体

　　分子式から，不飽和度は4，O原子を1個有する化合物であることがわかる。ベンゼン環1個で不飽和度は4となるので，O原子1個を有する官能基には二重結合は存在しない。すなわち，官能基としてはヒドロキシ基とエーテル結合の2つしか考えられない。

〔考えられる構造式の推定法〕

(i)　ベンゼン環をもち炭素数7の炭素の骨格構造は，次の1種類しかない。

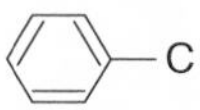

(ii)　(i)で考えた炭素骨格に官能基を結合させる。

　　〔ヒドロキシ基の場合は次の4種類〕

　　　ベンジルアルコール

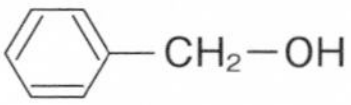

　　　o-クレゾール 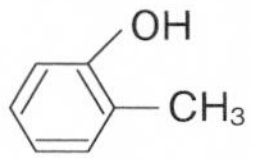　　　　　　m-クレゾール 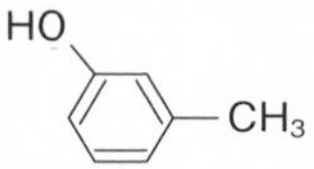　　　　　　p-クレゾール

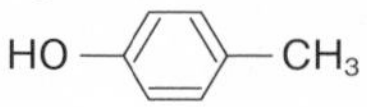

　　〔エーテル結合の場合は次の1種類〕

　　　メチルフェニルエーテル

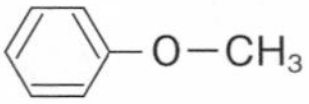

a　したがって，全部で5種類の構造異性体がある。

b　ナトリウムと反応して水素を発生する物質は，ヒドロキシ基をもつ4種類であるが，このうち，塩化鉄(Ⅲ)を加えても変化が認められないものは，ベンジルアルコールの1種類である。

問2　アミド

　　加水分解をうける物質としては，エステル，酸無水物，アミドの3種が考えられる。分子中の酸素原子が1個より，エステルと酸無水物は考えられないので，アミドである。アミドを加水分解すると，カルボン酸とアミンが生じる。加水分解が起こったときには，分解で生じた物質の炭素数の和は，分解される前の物質の炭素数に等しいことを利用するとよい。

　　芳香族化合物 A の分子式は C_8H_9NO であり，分解により生じたカルボン酸はギ酸 HCOOH であるから，生じたアミン B の炭素数は7であり，ここにベンゼン環が含まれる。

〔アミン B の構造式の推定〕

(i)　炭素の骨格構造は次の1種類しかない。

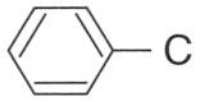

(ii)　アミノ基 $-NH_2$ を(i)の構造に結合させると，B として次の4種類が考えられる。

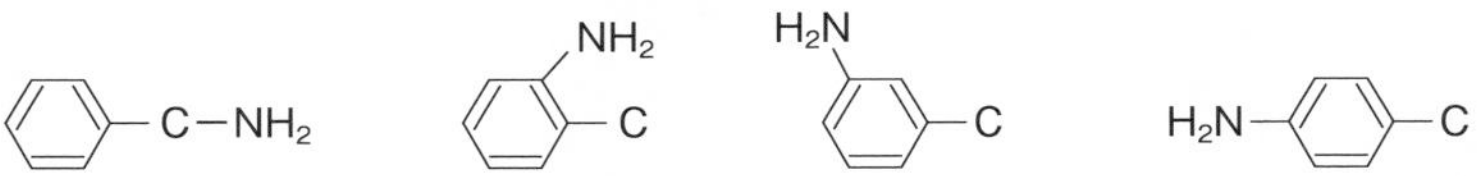

〔アミド A の構造式の推定〕

　　(ii)の物質のアミノ基を，ギ酸とのアミド結合にした物質が A であり，次の4種類が考えられる。

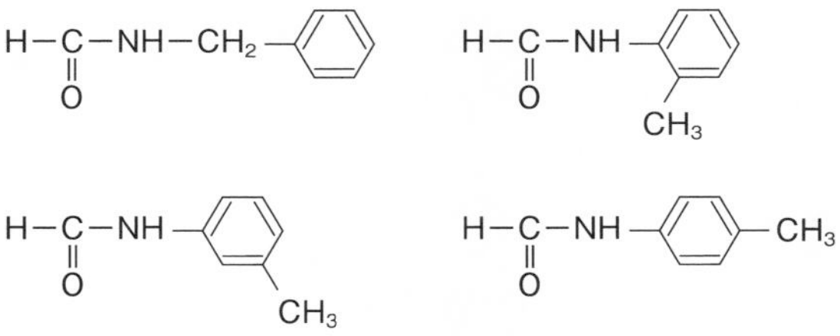

解答

1	③	2	⑥	3	⑤	4	③	5	②
6	①	7	⑦						

解説

問1　エステルに水酸化ナトリウムのような強塩基の水溶液を加えて加熱すると，エステルは加水分解する。このような反応を特に「けん化」という。

問2　エステルをけん化すると，カルボン酸の塩とアルコール，またはカルボン酸の塩とフェノール類の塩が生じる。酸の強さは一般に，カルボン酸＞炭酸＞フェノール類なので，カルボン酸は炭酸の塩である炭酸水素ナトリウムと次のように反応して二酸化炭素を発生する。

$$R-COOH + NaHCO_3 \longrightarrow H_2O + CO_2\uparrow + R-COONa$$

一方，フェノール類は炭酸よりも弱い酸なので，炭酸水素ナトリウムとは反応しない。

問3, 問4

分子式 C$_8$H$_8$O$_2$ で表される物質の不飽和度は，

$$\frac{2 \times 8 + 2 - 8}{2} = 5$$

よって，芳香族エステル A，B はいずれもベンゼン環とエステル結合
R-C-O-R′ を 1 つずつもつ。
　‖
　O

A，B をけん化して得られた物質のうち，C は中性物質なのでアルコール，〔1〕から D と E はカルボン酸，〔3〕から F はフェノール類だとわかる。

〔2〕からカルボン酸 E はホルミル基（アルデヒド基）をもつギ酸だとわかるので，〔4〕からアルコール C はメタノールである。そのためカルボン酸 D の炭素原子の数は 8 − 1 ＝ 7 で，ベンゼン環を含むことから，D は安息香酸だとわかる。

したがって，エステル A は と決まる。

さらに E がギ酸であることから，フェノール類 F の炭素原子の数は $8-1=7$ なので，F はヒドロキシ基とメチル基 $-CH_3$ がそれぞれベンゼン環に結合したクレゾールである。クレゾールには次の３種類の位置異性体が存在するが，ベンゼン環の１個の H 原子を Br 原子に置換する位置を矢印⇩で表すと次のようになる。

$o-$ クレゾール　　$m-$ クレゾール　　$p-$ クレゾール

したがって，F は $p-$ クレゾールだとわかるので，エステル B は

と決まる。

なお，問３の各選択肢を確認すると，

① 正しい。ホルムアルデヒドを還元するとメタノール C が得られる。

② 正しい。トルエンを硫酸酸性の $KMnO_4$ で酸化すると安息香酸が得られる。

③ 正しい。メタノールと安息香酸はいずれも $-OH$ の部分構造をもつので分子間で水素結合をつくる。

④ 正しい。メタノールと安息香酸はいずれも $CH_3-\overset{\underset{\|}{O}}{C}-R$ または

$CH_3-\underset{\underset{OH}{|}}{CH}-R$ の構造をもたないので，ヨードホルム反応を示さない（R は H

原子または炭化水素基)。

⑤　誤り。メタノールと安息香酸はいずれも −OH の部分構造をもつので，金属 Na と反応して H_2 を発生する。

第**14**問　アセトアミノフェンの合成

解答

1	－ ②		2	－ ①		3	－ ④		4	－ ①		5	－ ⑥
6	－ ④										

解説

問1　触媒に濃硫酸を用いて芳香族化合物に濃硝酸を作用させると，ベンゼン環の H 原子がニトロ基 $-NO_2$ に置換される。このような反応をニトロ化という。

問2　ヒドロキシ基 $-OH$ やアミノ基 $-NH_2$ をもつ化合物に無水酢酸を作用させると，これらにアセチル基 $-\overset{\underset{\|}{O}}{C}-CH_3$ が導入される。このような反応をアセチル化といい，ヒドロキシ基をもつ化合物からはエステル，アミノ基をもつ化合物（＝アミン）からはアミドがそれぞれ得られる。

$$R-OH + CH_3-\underset{\underset{O}{\|}}{C}-O-\underset{\underset{O}{\|}}{C}-CH_3 \longrightarrow R-\underbrace{O-\underset{\underset{O}{\|}}{C}-CH_3}_{\text{アセチル基}} + CH_3COOH$$

エステル結合　　　アセチル基　　無水酢酸

$$R-NH_2 + CH_3-\underset{\underset{O}{\|}}{C}-O-\underset{\underset{O}{\|}}{C}-CH_3 \longrightarrow R-\underbrace{\overset{\overset{H}{|}}{N}-\underset{\underset{O}{\|}}{C}-CH_3}_{\text{アセチル基}} + CH_3COOH$$

アミド結合　　　アセチル基　　無水酢酸

問3　フェノールは o, p 配向性を示すので，フェノールをニトロ化するとおもに

o-ニトロフェノール と p-ニトロフェノール が生じる。これ

らのうち，芳香族化合物 B を還元すると p-アミノフェノール が得られ

るので，B は p-ニトロフェノール，A は o-ニトロフェノールと決まる。

問4　ア～ウの塩化鉄(Ⅲ)水溶液での呈色反応と塩酸への溶解性を次の表に示す。

	塩化鉄(Ⅲ)水溶液の呈色反応	塩酸への溶解性
ア	×	×
イ	×	○
ウ	○	×

　　よって，X はイ，Y はア，アセトアミノフェンはウと決まる。

問5　フェノール 1 mol からアセトアミノフェンは 1 mol 生じるので，フェノールがすべてアセトアミノフェンに変化したときに得られる質量は，

$$\frac{2.82\,\mathrm{g}}{94\mathrm{g/mol}} \times 151\mathrm{g/mol} = 4.53\,\mathrm{g}$$

したがって収率〔%〕は，

$$\frac{2.31\,\mathrm{g}}{4.53\,\mathrm{g}} \times 100 = 50.9 \fallingdotseq 51\,\%$$

第4章　天然有機化合物

第1問　糖類

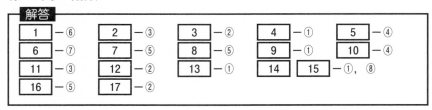

解答

1	— ⑥	2	— ③	3	— ②	4	— ①	5	— ④
6	— ⑦	7	— ⑤	8	— ⑤	9	— ①	10	— ④
11	— ③	12	— ②	13	— ①	14	15	— ①，⑧
16	— ⑤	17	— ②						

解説

問1　糖と加水分解酵素

デンプンを酵素アミラーゼで加水分解すると，デンプンよりも分子量が小さく重合度の異なる混合物である**デキストリン**を経て，二糖類の**マルトース**が生じる。さらに**マルトース**を酵素マルターゼで加水分解すると**グルコース**が生じる。

セルロースを酵素セルラーゼで加水分解すると二糖類の**セロビオース**が生じ，さらに**セロビオース**を酵素セロビアーゼで加水分解すると**グルコース**が生じる。

スクロースを酵素インベルターゼ（または**スクラーゼ**）で加水分解すると**グルコース**と**フルクトース**が生じる。

ラクトースを酵素ラクターゼで加水分解すると**グルコース**と**ガラクトース**が生じる。

問2 単糖類と二糖類

グルコースは水溶液中では次のような平衡状態になる。

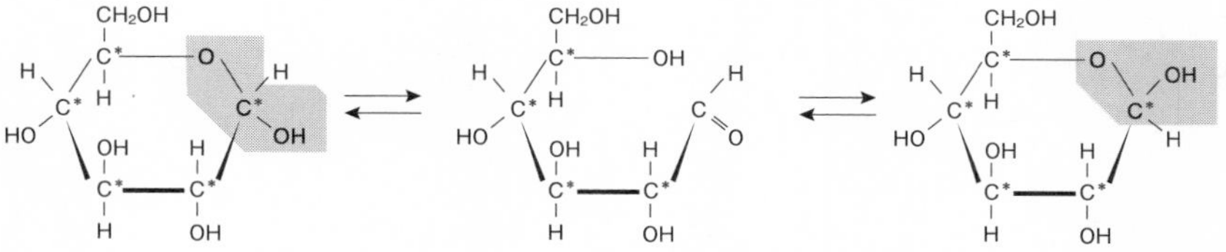

α-グルコース　　　　　　鎖状構造　　　　　　β-グルコース

　このように開環して鎖状構造が生じるのは，同一の C 原子に −O−R と −OH が結合したヘミアセタール構造（■■■■部分）が，水溶液中で次の平衡を形成するからである。

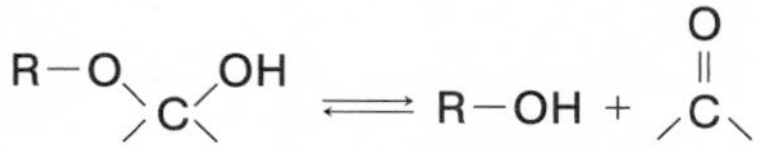

　グルコースの鎖状構造にはホルミル基（アルデヒド基）があるので還元性を示す。すなわち，ヘミアセタール構造をもつ糖は水溶液中で開環して還元性を示す。

① 誤り。不斉炭素原子（C*）の数は，環状構造で5つ，鎖状構造で4つある。

② 正しい。すべての単糖類は，水溶液中でヘミアセタール構造が開環するので還元性を示す。

③ 正しい。二糖類は，2つの単糖類がグリコシド結合により縮合した化合物である。したがって，二糖類のグリコシド結合は1つである。

④ 正しい。マルトースとスクロースは，ともに分子式 $C_{12}H_{22}O_{11}$ と表される構造異性体である。

⑤ 正しい。スクロースは次の図のような α-グルコースと β-フルクトースが還元性を示す部分どうしでグリコシド結合をつくっているため，ヘミアセタール構造が存在しない。そのためスクロースは水溶液中で開環できず還元性を示さない。対して，スクロースの加水分解で得られた転化糖（グルコースとフルクトースの等量混合物）は，グルコースとフルクトースがともにヘミアセタール構造（■■■■部分）をもつので，還元性を示す。

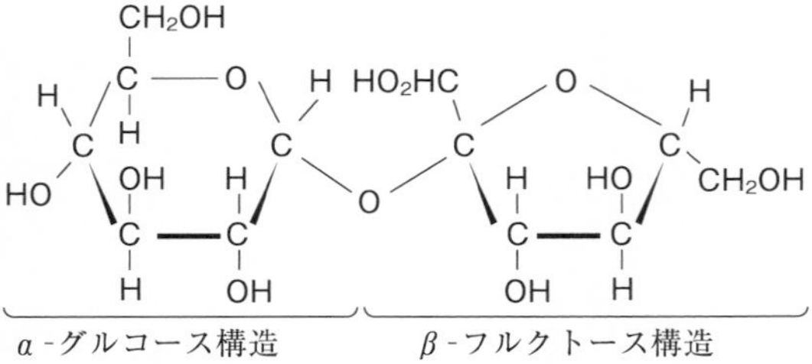

【スクロース】

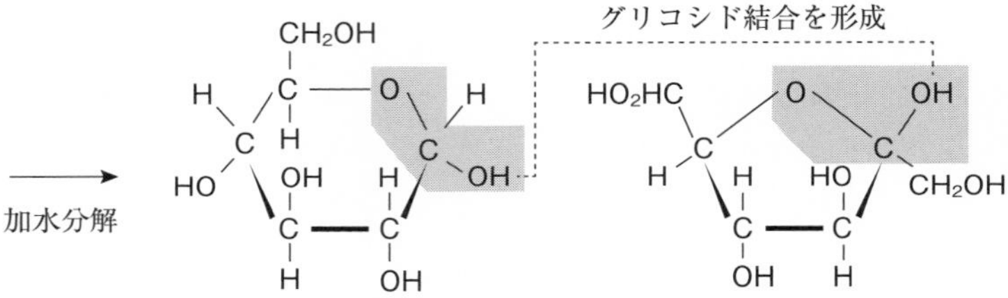

加水分解

【グルコース】　【フルクトース】

問3　多糖類

デンプン，セルロース，グリコーゲンについて次に示す。

	構成成分	構成単位	結合様式	構造	ヨウ素デンプン反応の呈色
デンプン	アミロース	α−グルコース	α-1,4-グリコシド結合	鎖状のらせん構造	濃青色
	アミロペクチン		α-1,4-グリコシド結合 α-1,6-グリコシド結合	枝分かれのあるらせん構造	赤紫色
セルロース		β−グルコース	β-1,4-グリコシド結合	直線状構造	呈色しない
グリコーゲン		α−グルコース	α-1,4-グリコシド結合 α-1,6-グリコシド結合	枝分かれのあるらせん構造	赤褐色

※　アミロペクチンはグルコース単位約25個，グリコーゲンは約10個で枝分かれが
　　生じるため，アミロペクチンよりもグリコーゲンは枝分かれの数が多い構造をして
　　いる。

① 誤り。ヨウ素デンプン反応では，デンプンのらせん構造にヨウ素分子が取り込まれて青紫色を呈する。対して，セルロースは，ヨウ素分子が取り込まれるらせん構造をもたないため呈色しない。

② 正しい。前ページの表より。

③ 正しい。前ページの表より。温水にアミロースは溶けるが，アミロペクチンは溶けにくい。

④ 正しい。グリコーゲンは，エネルギー源として主に動物の肝臓や筋肉で合成され，蓄積される。血液中のグルコース（血糖）の量に応じて，加水分解されてグルコースとなり血糖値を一定に保つ。

⑤ 正しい。セルロース分子は直線状なので分子どうしが平行に密着しやすく，分子間で多くの水素結合をつくる。そのため，水に溶けにくい強度の大きな繊維となる。

⑥ 正しい。繊維として短く強度が劣る天然高分子を，適当な溶媒に溶かして紡糸し直すことで強度が増した繊維に再生させたものを再生繊維という。とくにセルロースを原料とした再生繊維をレーヨンという。

⑦ 正しい。天然高分子の官能基の一部を化学処理した繊維を半合成繊維という。セルロースの一部がアセチル化されたジアセチルセルロース $\left[C_6H_7O_2(OH)(OCOCH_3)_2 \right]_n$ をアセトンに溶かしてから紡糸したものをアセテート繊維という。

⑧ 誤り。セルロースに濃硝酸と濃硫酸の混合物を作用させると $R-OH \longrightarrow R-ONO_2$ と変化する。この反応はエステル化であり，ニトロ化ではない。

問4　アルコール発酵

$C_6H_{12}O_6$ の単糖類の分子量を180とあらかじめ覚え，$C_6H_{12}O_6$ の単糖からなる二糖類と多糖類の分子量をそれぞれ算出すると，計算時間の短縮になる。

二糖類：$180 \times 2 \underbrace{-18}_{\text{グリコシド結合時に脱水した }H_2O} = 342$

多糖類：$180 \times n \underbrace{-18 \times n}_{\text{重合時に脱水した }H_2O} = 162n$ （n は平均重合度を示す）

二糖類のマルトースは分子量が342なので，80％加水分解したマルトースの物質量は，

$$\frac{300\,\text{g}}{342\,\text{g/mol}} \times \frac{80}{100} = 7.01 \times 10^{-1}\,\text{mol}$$

マルトースを希硫酸で加水分解すると，

$$C_{12}H_{22}O_{11} + H_2O \longrightarrow 2\,C_6H_{12}O_6 \quad \cdots ①$$

となる。反応式①の係数比より，生成した単糖類の物質量は，

$$7.01 \times 10^{-1}\,\text{mol} \times 2 = 1.40\,\text{mol}$$

この単糖類を酵素群チマーゼでアルコール発酵させると，エタノールと二酸化炭素が生じる。

$$C_6H_{12}O_6 \longrightarrow 2\,C_2H_5OH + 2\,CO_2 \quad \cdots ②$$

エタノールの分子量は 46 なので反応式②の係数比より，生じたエタノールは，

$$1.40\,\text{mol} \times 2 \times 46\,\text{g/mol} = 1.28 \times 10^2\,\text{g} ≒ 1.3 \times 10^2\,\text{g}$$

問5　糖の還元性

　還元性を示す糖が，フェーリング液を還元すると赤色沈殿 Cu_2O が生じる。本設問の糖を分類すると，

- ・還元性を示す糖…マルトース(二糖類)，フルクトース(単糖類)
- ・還元性を示さない糖…アミロース(多糖類)，スクロース(二糖類)

となる。問題文より赤色沈殿 Cu_2O の物質量は，マルトースとフルクトースを合わせた物質量と等しい。マルトースとフルクトースの分子量はそれぞれ 342 と 180 なので，Cu_2O の物質量は，

$$\frac{5.0\,\text{g}}{342\,\text{g/mol}} + \frac{5.0\,\text{g}}{180\,\text{g/mol}} = 0.0423\,\text{mol}$$

Cu_2O の式量は 143 なので，生じた Cu_2O の質量は，

$$0.0423\,\text{mol} \times 143\,\text{g/mol} = 6.04\,\text{g} ≒ 6.0\,\text{g}$$

第2問　アミノ酸

解答

1	—③		2	—②		3	—⑧		4	—⑨		5	—⑥
6	—④		7	—⑤		8	—⓪		9	10	—⑤, ⑨			
11	—⑦		12	13	—③, ⑧		14	15	—②, ④			
16	—①		17	—④		18	—①		19	—⑥			

解説

問1・問2　α-アミノ酸

　　タンパク質を構成する α-アミノ酸は，同一炭素原子に**カルボキシ基**と**アミノ基**が結合しており，約 **20 種類**ある。そのうちヒトの体内で合成されない，または合成されにくい α-アミノ酸を**必須アミノ酸**という。

　　α-アミノ酸の一般式を

$$H_2N-\underset{\underset{O}{\|}}{\overset{\overset{R}{|}}{C}H}-C-OH$$

と表すと，水溶液中では次のような平衡状態になる。

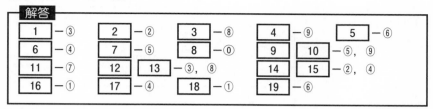

また，水溶液中のアミノ酸の総電荷が 0 となる pH を**等電点**という。

　　α-アミノ酸は側鎖 R の違いで，次のように分類できる。

	R 部分	構造の特徴	不斉炭素原子
グリシン	$-H$		なし
アラニン	$-CH_3$		
アスパラギン酸	$-CH_2-COOH$	R に $-COOH$ をもつ	
グルタミン酸	$-(CH_2)_2-COOH$	酸性アミノ酸	
リシン	$-(CH_2)_4-NH_2$	R に $-NH_2$ をもつ 塩基性アミノ酸	あり
フェニルアラニン	$-CH_2-$⬡	R にベンゼン環をもつ	
チロシン	$-CH_2-$⬡$-OH$		
システイン	$-CH_2-SH$	R に S 原子をもつ	
メチオニン	$-(CH_2)_2-S-CH_3$		

R に含まれる構造の特徴で α-アミノ酸を整理しておくことが重要である。

問3　α-アミノ酸の反応と電気泳動

アラニンに無水酢酸およびメタノールを作用させると次の化合物が生じる。

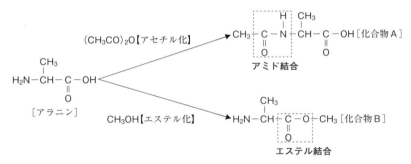

pH 6.0 の水溶液中では，$-COOH$ が $-COO^-$，$-NH_2$ が $-NH_3^+$ に変化する。そのためアラニンは双性イオンとなるが，電荷が分子内で打ち消し合うので中央部にとどまる。対して，化合物 A は陰イオンとなるので陽極側に移動し，化合物 B は陽イオンとなるので陰極側に移動する。

したがって，Ⅰ－化合物 B，Ⅱ－アラニン，Ⅲ－化合物 A となる。

第3問　ペプチド・タンパク質

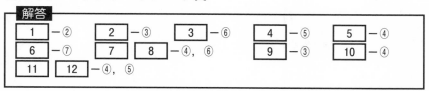

解答

1	—②	2	—③	3	—⑥	4	—⑤	5	—④
6	—⑦	7 8	—④, ⑥			9	—③	10	—④
11	12 —④, ⑤								

解説

問1　タンパク質

　　タンパク質は多くの **α-アミノ酸**が**ペプチド結合**$\left(-\overset{\text{O}}{\underset{}{\text{C}}}-\overset{\text{H}}{\underset{}{\text{N}}}-\right)$で連なったポリ

ペプチドである。このポリペプチド鎖はペプチド結合どうしで $>$N−H…O＝

C$<$のような**水素結合**(…部分)をつくり，らせん状の **α－ヘリックス**や，ジグ

ザグに折れ曲がった **β－シート**といった立体構造を形成する場合が多い。さ

らに**ジスルフィド結合**(−S−S−)やイオン結合などによってより複雑な立体

構造をとるため，タンパク質は特有な機能を発現できる。しかし，加熱したり，

酸，塩基，重金属イオン(Cu^{2+}，Pb^{2+}，Ag^+ など)などを加えると，タンパク

質の立体構造が壊れ元に戻らなくなる。これをタンパク質の**変性**という。

問2　タンパク質の反応

① 　正しい。ペプチド結合が2つ以上あるペプチド(アミノ酸が3つ以上結合

　　したペプチド)は，ペプチド結合のN原子と Cu^{2+} が配位結合により錯イオ

　　ンをつくり赤紫色を呈する。【**ビウレット反応**】

② 　正しい。ベンゼン環が硝酸でニトロ化されたため黄色を呈する。しかし，

　　硝酸を加えたときタンパク質の変性により白濁するので黄色の呈色が確認し

　　づらい場合がある。そのためアンモニア水などの塩基を加えて橙黄色に変化

　　させて明確な呈色を示すかを確認する。【**キサントプロテイン反応**】

③ 　正しい。硫黄を含むアミノ酸から，黒色の硫化鉛(Ⅱ)PbS が生じる。【**硫**

　　黄の検出】

④ 　誤り。酢酸鉛(Ⅱ)から生じた Pb^{2+}(重金属イオン)によってタンパク質の

　　立体構造が壊れて変性したため，白濁した。

⑤ 　正しい。アミノ基が酸化されたため紫色を呈する。アミノ基の検出なので，

　　アミノ酸とタンパク質は呈色する。【**ニンヒドリン反応**】

⑥　誤り。(vi)のように多量の電解質を加えて沈殿する現象を**塩析**という。したがって卵白の水溶液は**親水コロイド**である。

問3　**ペプチドの構造異性体と窒素含有量**
　　ペプチド X は，

$$CH_3$$
$$|$$
$$H_2N-CH-C-OH$$
$$\|$$
$$O$$
アラニン（Ala）

$$H_2N-CH_2-C-OH$$
$$\|$$
$$O$$
グリシン（Gly）

$$SH$$
$$|$$
$$CH_2$$
$$|$$
$$H_2N-CH-C-OH$$
$$\|$$
$$O$$
システイン（Cys）

からなる Ala－Gly－Cys である。

　　ペプチドの分子量は以下の方法で求める。

　　アミノ酸の共通部分【　　　　　】の原子量の和を **74** とあらかじめ覚え，R の式量を加えてアミノ酸の分子量を算出すると，計算時間の短縮になる。

$$R$$
$$|$$
$$H_2N-CH-C-OH$$
$$\|$$
$$O$$
$$= 74$$

それぞれのアミノ酸の分子量は，

　　アラニン：$74+15=89$　グリシン：$74+1=75$　システイン：$74+47=121$

となる。したがってペプチド X の分子量は，

　　　　$89+75+121-\underbrace{18 \times 2}=249$
　　　　　　　　ペプチド結合時に脱水した H_2O

となる。

a　グリシン，アラニン，システインの鎖状のトリペプチドを N 末端のアミノ酸を固定して組み合わせを考えると，

　　　Ala－Gly－Cys（ペプチド X），　Ala－Cys－Gly，　Gly－Ala－Cys
　　　Gly－Cys－Ala，　Cys－Ala－Gly，　Cys－Gly－Ala

の 6 種類である。したがって，ペプチド X 以外の鎖状のトリペプチドは $6-1=5$ 種類である。

【別解】

　　鎖状のトリペプチドは3種類のアミノ酸の順列と考えられるので，

　　　　3! ＝ 6種類

　　したがって，ペプチドX以外の鎖状のトリペプチドは5種類である。

b　ペプチドXに濃い水酸化ナトリウム水溶液を加えるとアンモニアが遊離する。N原子1molに対してNH₃分子1mol生成するので，アンモニアの物質量は，

$$\frac{3.0\,\mathrm{g}}{249\,\mathrm{g/mol}} \times 3 = 3.61 \times 10^{-2}\,\mathrm{mol} \fallingdotseq 3.6 \times 10^{-2}\,\mathrm{mol}$$

問4　酵素

①，②　正しい。

　酵素は，タンパク質を主成分とした生体内ではたらく触媒である。

③　正しい。④　誤り。

　　特定の立体構造をもつ酵素の活性部位（または活性中心）が，基質と結合して酵素−基質複合体をつくって反応が進む。このような特定の基質にのみ作用する性質を基質特異性という。ちなみに一度反応に関与した酵素は分解せずに再利用される。

⑤　誤り。一般に，温度が上がるにつれて反応速度は大きくなるが，酵素による反応ではある温度を超えると急激に反応速度が小さくなる。これは酵素の主成分であるタンパク質が，ある温度以上では変性して触媒作用を失う（失活）からである。このような反応速度が最大となる温度を**最適温度**という。

⑥　正しい。酵素の立体構造や電荷はpHによって変化する。そのため反応速度が最大となるpH（**最適pH**）は酵素によって異なる。多くの酵素がpH 7付近だが，ペプシン（胃液内）はpH 2付近，トリプシン（すい液内）はpH 8付近である。

⑦　正しい。カタラーゼは肝臓や血液に含まれ，過酸化水素を水と酸素に分解する酵素である。

　　　$$2\,H_2O_2 \longrightarrow 2\,H_2O + O_2$$

第4問　核酸

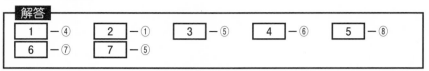

解答

| 1 | — ④ | 2 | — ① | 3 | — ⑤ | 4 | — ⑥ | 5 | — ⑧ |
| 6 | — ⑦ | 7 | — ⑤ | | | | | | | | |

解説

問1　核酸の構造

核酸は，五炭糖に有機塩基，リン酸が次図のように結合したヌクレオチドが縮合重合したポリヌクレオチドである。

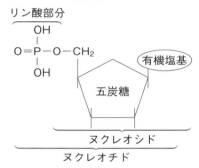

核酸には遺伝情報をもつ DNA と，DNA の遺伝情報を元にタンパク質を合成する RNA がある。次表に DNA と RNA について示す。

	DNA	RNA
糖	デオキシリボース	リボース
有機塩基	チミン	ウラシル
	アデニン　　　グアニン　　　シトシン　　　［共通塩基］	

問2　DNA の構造と塩基の相補性

DNA は，アデニンとチミンが2つ，グアニンとシトシンが3つの**水素結合**で結合した塩基対をつくって，2本の DNA 鎖の間で**二重らせん構造**を維持している。

塩基対をつくる塩基の存在比は等しいので，アデニンの割合を x ％とすると，

$$2x + 2 \times 24 = 100 \qquad x = 26 ％$$

第5章　合成高分子化合物

第1問　重合反応と合成高分子化合物の構造

解説

問1　重合

① 正しい。単量体(モノマー)とよばれる低分子化合物が次々に結合する化学反応を重合といい，生じた高分子化合物を重合体(ポリマー)という。1分子の高分子中に含まれるモノマーの数を重合度といい，高分子化合物はいろいろな重合度をもつ分子の集合体となっているので，重合度を平均した平均重合度が用いられ，また，分子量は平均分子量が用いられる。

② 正しい。炭素間二重結合($C=C$)や炭素間三重結合($C\equiv C$)をもつモノマーが付加反応を繰り返して重合する反応を，付加重合という。

エチレン　　　　　ポリエチレン

③ 誤り。2種以上の単量体が重合する反応を共重合といい，付加重合で重合する反応を表す場合が多い。n分子のアクリロニトリルとm分子の塩化ビニルの共重合で生じるアクリル繊維では，ポリエチレンのように繰り返しの単位構造は存在せず，生じた高分子はアクリロニトリルと塩化ビニルの結合順序が異なった集合体となっている。

$$n\ CH_2=CH + m\ CH_2=CH \longrightarrow \left[CH_2-CH\right]\left[CH_2-CH\right]$$
$$\qquad\quad |\qquad\qquad\quad |\qquad\qquad\qquad |\ \ _n\qquad\ \ |\ \ _m$$
$$\qquad\quad CN\qquad\qquad\ Cl\qquad\qquad\qquad CN\qquad\quad Cl$$

アクリロニトリル　　塩化ビニル　　　　　　　共重合体

　一方，フェノール樹脂のように，モノマーが付加と縮合を繰り返して重合する反応が付加縮合である。

〔フェノール樹脂の付加縮合〕

　(i)　フェノールのo位やp位がホルムアルデヒドの$C=O$に付加してアルコールが生じる。

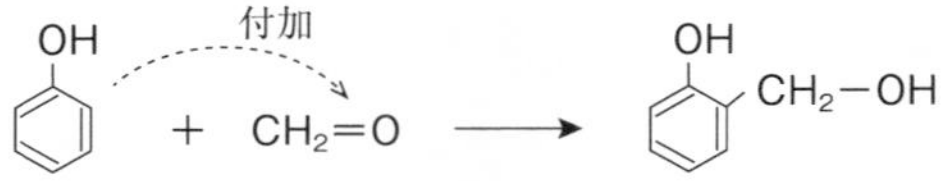

(ⅱ) 生じたアルコールが別のフェノール分子の o 位や p 位と脱水縮合して メチレン基（$-CH_2-$）の架橋が生じ，三次元の網目構造をもつ高分子と なる。

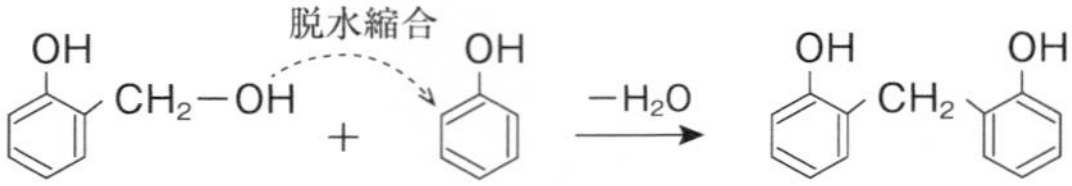

(ⅲ) (ⅰ)(ⅱ)を繰り返して三次元の網目構造となる。

尿素樹脂やメラミン樹脂のような熱硬化性樹脂は，付加縮合により生じ るものが多い。

④ 正しい。分子中に縮合可能な官能基を 2 つ以上もつモノマーが，縮合反応 を繰り返して重合する反応を，縮合重合という。

〔ポリエチレンテレフタラート（PET）の縮合重合〕

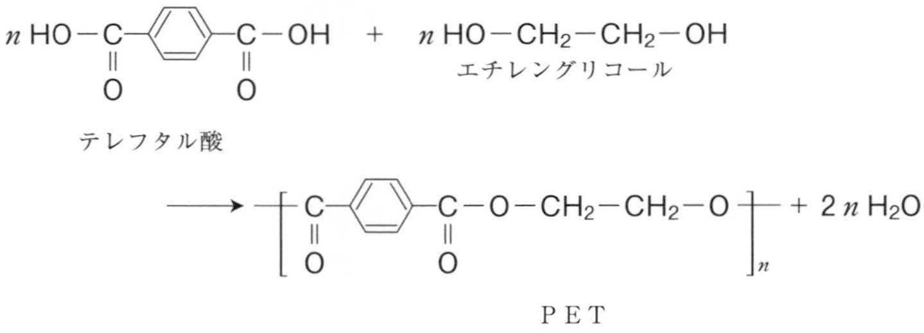

⑤ 正しい。環状構造をもつモノマーの環が開いて重合する反応を，開環重合 という。

〔ナイロン 6 の開環重合〕

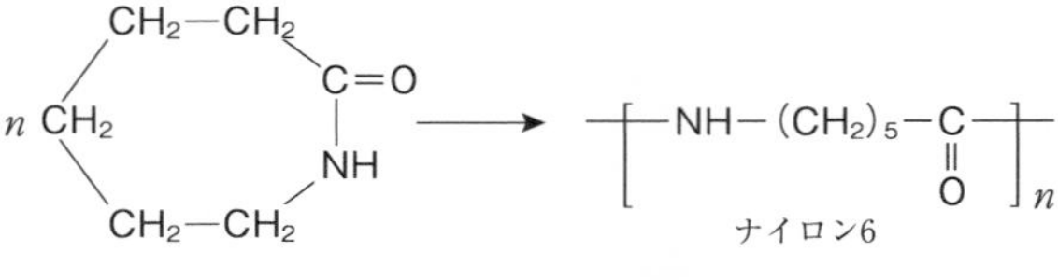

2 分子の乳酸の脱水縮合により生じた環状エステルであるラクチドから，ポ リ乳酸をつくる反応も開環重合である。

$$2\ \underset{\overset{|}{CH_3}}{HO-CH}-\overset{\overset{O}{\|}}{C}-OH \ \rightarrow\ \text{(ラクチド構造)}\ \rightarrow\ \left[\underset{\overset{|}{CH_3}}{O-CH}-\overset{\overset{O}{\|}}{C}\right]_n$$

乳酸　　　　　　　　　ラクチド　　　　　　ポリ乳酸

問2　合成高分子化合物の構造

① 正しい。合成高分子化合物の多くは，分子が規則的に配列した結晶構造の部分と，不規則に配列した非結晶構造の部分からなり，結晶構造の部分が多いと強度が大きくなり，透明度が減少する。加熱すると，非結晶構造の部分から軟らかくなるので，結晶構造の部分が多いほど軟らかくなる温度は高くなる。また，非結晶構造の部分をもち，分子によりその割合は異なるので，一定の融点はもたない。高分子が軟化し始める温度を軟化点といい，つくり方によって非結晶構造の部分の割合は異なるので，同じ高分子化合物でも軟化点はある温度範囲をもち，測定方法によっても異なってくる。

② 誤り。w〔g〕の高分子化合物を V〔g〕の溶媒に溶かした溶液の凝固点降下度を Δt〔K〕，高分子化合物の分子量を M，溶媒のモル凝固点降下を k〔K・kg/mol〕とすると，次の関係式が成立する。

$$\Delta t = k\frac{w}{M}\frac{1000}{V}$$

M が大きいと Δt は非常に小さくなるので，高分子を溶かした溶液の凝固点降下度を十分な精度で求めることができない。したがって，凝固点降下度を測定することにより，高分子の分子量を求めることはできない。

高分子の分子量を求める方法の1つとして，溶液の浸透圧を測定する方法がある。w〔g〕の高分子化合物を溶かした溶液 V〔L〕の浸透圧を Π〔Pa〕，絶対温度を T〔K〕，高分子化合物の分子量を M，気体定数を R〔Pa・L/(mol・K)〕とすると，次の関係式が成立する。

$$\Pi = \frac{w}{M}\frac{1}{V}RT$$

溶液の浸透圧は，液柱の高さを測定することにより求められる。M が大きくなると，Π は小さくなり液柱の高さも小さくなる。しかし，液柱の高さは溶液の密度が小さいほど大きくなるので，Π が 1.0×10^5 Pa の場合，水銀柱

の高さは 76 cm となるが，密度 d〔g/cm³〕の溶液の液柱 h〔cm〕は，水銀の密度が 13.6 g/cm³ より，次の式で与えられる。

$$h = 76 \times \frac{13.6}{d}$$

$d = 1$ の場合，Π が 1.0×10^5 Pa のときの h は約 1×10^3 cm（10m）となり，分子量が大きくて Π が小さくなっても，液柱の高さ h は精度よく測定できる。

③ 誤り。フェノール樹脂や尿素樹脂は三次元の網目構造をもち，熱硬化性樹脂であるが，フッ素樹脂は鎖状の高分子であり，熱可塑性樹脂である。

$$n\, CF_2{=}CF_2 \longrightarrow +CF_2{-}CF_2\,\underset{n}{]}$$

フッ素樹脂はテフロンともいい，熱可塑性樹脂ではあるが，耐熱性，耐薬品性に優れ，水や油もはじく性質があるので，フライパンの表面処理に用いられている。

④ 誤り。分子間に水素結合を形成するためには，分子中に F−H，O−H，N−H の結合様式をもつ必要がある。ポリエチレン分子中にはこれらの結合様式は存在しないので，水素結合は形成されない。

第2問　付加重合により生じる高分子化合物

解答

| 1 | ― ⑥ | | 2 | ― ⑦ |

解説

問1　モノマーとポリマー

　　付加重合を起こすためには，モノマー分子中に C＝C や C≡C をもつ必要がある。多くの付加重合により生じる高分子のモノマーには，ビニル基(CH_2＝CH－)をもつものが多く，ビニル基に結合する X によりいろいろな高分子化合物が生じる。

ビニル基をもつモノマー　　　　　　　　ポリマー

$$n\ CH_2＝\underset{X}{\overset{|}{CH}} \longrightarrow \left[CH_2-\underset{\underset{X}{|}}{CH} \right]_n$$

① スチレン(X ＝ －C_6H_5)　　　　ポリスチレン
② プロペン(X ＝ －CH_3)　　　　ポリプロピレン
④ ブタジエン(X ＝ －CH＝CH_2)　　　ポリブタジエン
⑤ 塩化ビニル(X ＝ －Cl)　　　　ポリ塩化ビニル
⑥ 酢酸ビニル(X ＝ －$OCOCH_3$)　　　ポリ酢酸ビニル
⑦ エチレン(X ＝ －H)　　　　ポリエチレン

① ポリスチレン　正しい。発泡スチロールとして断熱材などに用いられ，分子中に占める炭素原子数の割合が大きい(組成式 CH)ので，燃焼するとススが生じる。

② ポリプロピレン　正しい。耐熱性の食品容器などに用いられる。

③ ポリメタクリル酸メチル　正しい。硬くて，透明度が高いので，水族館の水槽などに用いられる。

$$n\ CH_2＝\underset{\underset{O＝C-O-CH_3}{|}}{\overset{\overset{CH_3}{|}}{C}} \longrightarrow \left[CH_2-\underset{\underset{O＝C-O-CH_3}{|}}{\overset{\overset{CH_3}{|}}{C}} \right]_n$$

④　ポリブタジエン　正しい。モノマー分子中に，2つの炭素間二重結合が炭素間単結合をはさむ結合様式（−C＝C−C＝C−）が存在するとき，付加重合により中央部分の単結合に二重結合が移り，両端で付加する重合反応を起こすことができる。

$$n-C＝C-C＝C- \longrightarrow \;+\!C-C＝C-C\!+_n$$

このような反応により生じる高分子が合成ゴムである。

⑤　ポリ塩化ビニル　正しい。耐水性，耐薬品性にすぐれ水道管のパイプなどに用いられる。分子中に Cl 原子を含むので，熱した銅線をこの樹脂に接したのちバーナーの外炎中に入れると，生じた $CuCl_2$ により銅の炎色反応（青緑色）を示す。

⑥　ポリ酢酸ビニル　誤り。モノマーの酢酸ビニルの構造式が誤り。

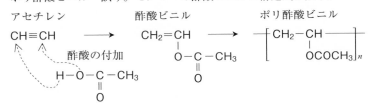

ポリ酢酸ビニルはビニロンの原料や接着剤などに用いられる。

⑦　ポリエチレン　正しい。

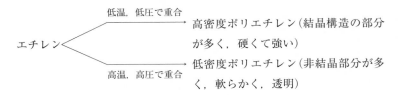

問2 共重合

共重合により生じる合成高分子には，繰り返しの単位が存在しないので，重合反応は次のように表す。

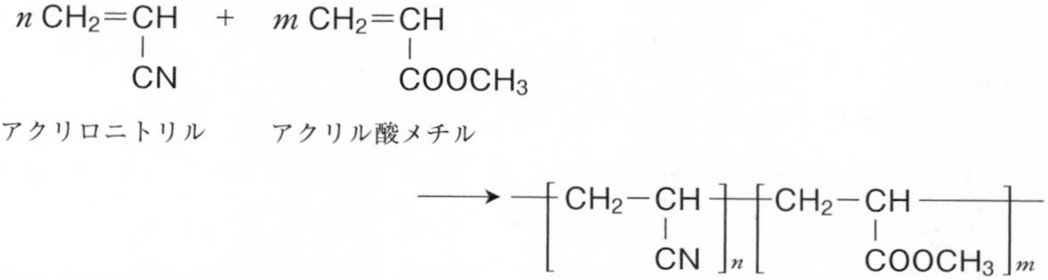

$$n\ CH_2=CH \quad + \quad m\ CH_2=CH$$
$$\qquad\quad | \qquad\qquad\qquad\quad |$$
$$\qquad\quad CN \qquad\qquad\qquad COOCH_3$$

アクリロニトリル　　アクリル酸メチル

$$\longrightarrow \left[\begin{array}{c} CH_2-CH \\ | \\ CN \end{array} \right]_n \left[\begin{array}{c} CH_2-CH \\ | \\ COOCH_3 \end{array} \right]_m$$

高分子の計算問題は，高分子1分子についての反応量を考え，分子数比＝物質量の比より，モル計算にもっていくとよい。ここでは，1分子の高分子中に n 個の N 原子が存在するので，1 mol の高分子中には n モルの N 原子が存在する。高分子の分子量は $53\,n+86\,m$ より，

N 含有量：$\dfrac{14\,n}{53\,n+86\,m} \times 100 = 18.8$ より，

$n:m = 4:1$

第3問 合成繊維

解答

| 1 | -④ | 2 | -④ | 3 | -③ |

解説

問1 合成繊維

① 正しい。アミノ基 $-NH_2$ とカルボキシ基 $-COOH$ から水が取れて生じた アミド結合 $-NH-CO-$ をもつ鎖状の高分子を，繊維状にしたものがポリ アミド系繊維である。ポリアミド系繊維は，多数のアミド結合にもとづく水 素結合が分子間に形成されるので，強い繊維となる。ポリアミド系繊維には，ナイロン66，ナイロン6，アラミド繊維などがある。芳香族アミンと芳香族 カルボン酸を原料として生じるアラミド繊維は，特に強度が大きく，ロープ や防弾衣料などに用いられる。

② 正しい。ヒドロキシ基 $-OH$ とカルボキシ基 $-COOH$ から水が取れて生 じたエステル結合 $-COO-$ により重合して生じた鎖状の高分子を，繊維状 にしたものがポリエステル系繊維である。親水基をもたないので，吸湿性が 小さく乾きやすい。代表的なポリエステル系繊維として，PET ボトルなど にも用いられているポリエチレンテレフタラートがある。

③ 正しい。モノマーにアクリロニトリルを用いて，共重合により生じる鎖状 の高分子を繊維状にしたものがアクリル系繊維である。アクリロニトリルと 酢酸ビニルを共重合させてつくる高分子には，エステル結合をもつ酢酸ビニ ルを原料とするため，多くのエステル結合を含むが，付加重合により生じる 繊維であるためポリエステル系の繊維ではない。

アクリロニトリルと酢酸ビニルの共重合体

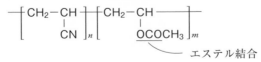

④ 誤り。アセチレンに水を付加すると，不安定なビニルアルコールを経て，アセトアルデヒドが生じる。したがって，この方法でポリビニルアルコール をつくることはできない。

$$CH{\equiv}CH \xrightarrow{\text{H}_2\text{O 付加}} \underset{\underset{\text{ビニルアルコール}}{\text{OH}}}{CH_2{=}CH} \longrightarrow \underset{\underset{\text{アセトアルデヒド}}{\text{O}}}{CH_3{-}C{-}H}$$

アセチレン

炭素間二重結合にヒドロキシ基が結合した物質を一般にエノールといい，この物質は化学的に不安定なので直ちにアルデヒドやケトンに変化する。

$$\underset{\underset{\text{付加}}{O-H}}{-CH{=}C} \longrightarrow \underset{\underset{\text{カルボニル化合物}}{O}}{-CH_2{-}C{-}}$$

したがって，ポリビニルアルコールは，まずアセチレンに酢酸を付加して酢酸ビニルをつくり，それを付加重合させてつくったポリ酢酸ビニルを加水分解(けん化)することにより得られる。

$$\left[\underset{\underset{\text{ポリ酢酸ビニル}}{OCOCH_3}}{CH_2{-}CH}\right]_n \xrightarrow{n\,\text{NaOH}} \left[\underset{\underset{\text{ポリビニルアルコール}}{OH}}{CH_2{-}CH}\right]_n + n\,CH_3COONa$$

⑤　正しい。ポリビニルアルコールは，親水基であるヒドロキシ基を多く含むため，水に溶けやすい。そのため，ホルムアルデヒドを作用させて，ヒドロキシ基の一部を環状エーテルに変化させ（アセタール化），水に不溶な吸湿性の大きい繊維にしたものがビニロンである。

ポリビニルアルコール

問2　ナイロン

　　高分子1分子についての反応量を考え，分子数比＝物質量の比より，モル計算にもっていく方法を考えてみよう。

　　重合度 n_1 のナイロン66と重合度 n_2 のナイロン6の構造式は次のように表せるので，それぞれの分子量 M_1，M_2 は次のようになる。

　　ナイロン66：$-\!\!\left[\!NH-(CH_2)_6-NH-CO-(CH_2)_4-CO\!\right]_{n_1}\!\!-$

　　　　　　　　$M_1=226n_1$

　　ナイロン6　：$-\!\!\left[\!NH-(CH_2)_5-CO\!\right]_{n_2}\!\!-$

　　　　　　　　$M_2=113n_2$

　　1分子のナイロン66にアミド結合は $2n_1$ 個存在するので，1molのナイロン66に存在するアミド結合は $2n_1$〔mol〕であり，1分子のナイロン6にアミド結合は n_2 個存在するので，1molのナイロン6に存在するアミド結合は n_2〔mol〕である。したがって，w〔g〕のナイロン中に含まれるアミド結合の物質量の比は，次のようになる。

　　ナイロン66：ナイロン6 $=\dfrac{w}{226n_1}\times 2n_1:\dfrac{w}{113n_2}\times n_2=1:1$

問3　ポリエステル

　　ポリエチレンテレフタラート(PET)分子の重合度を n とすると，1分子のPETをつくるためには，それぞれ n 分子のテレフタル酸と n 分子のエチレングリコールが必要である。すなわち，1molのPETをつくるには，それぞれ n〔mol〕ずつのテレフタル酸とエチレングリコールが必要なので，

　　　用いたモノマーの物質量 $\times\dfrac{1}{n}=$ PETの物質量

　　　テレフタル酸 $HOOC-C_6H_4-COOH$ の分子量 $=166$

　　　エチレングリコール $HO-CH_2-CH_2-OH$ の分子量 $=62$

　　　PETの分子量 $=192n$

　　8.3gのテレフタル酸の物質量と3.1gのエチレングリコールの物質量はともに0.050molであるので，得られるPETの質量は，

　　$0.050\times\dfrac{1}{n}\times 192n=9.6$〔g〕

第4問　身のまわりの高分子化合物

解答

1 ─①　　2 ─②　　3 ─④

解説

問1　ゴム

① 誤り。生ゴムを空気を断って熱分解(乾留)すると，分子中に2つのC＝C をもつイソプレンが生じる。

② 正しい。生ゴムの主成分はポリイソプレンであり，各イソプレン単位はシス形となっているため生ゴム分子は折れ曲がり，ゴム弾性が生じる。

生ゴム中のポリイソプレン

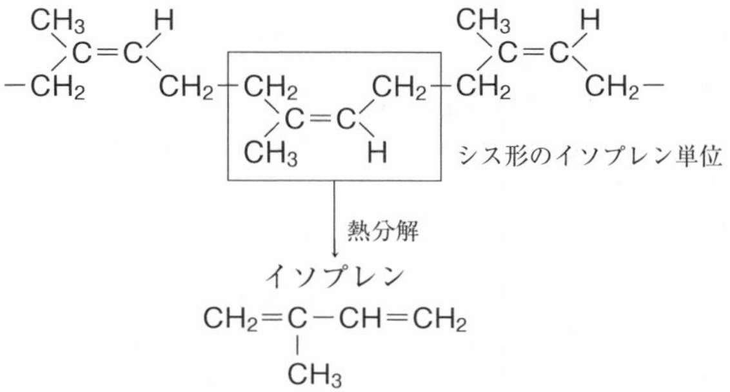

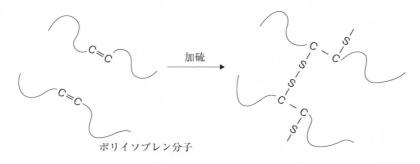

熱分解

イソプレン

$$CH_2=C-CH=CH_2$$
$$\overset{|}{CH_3}$$

③ 正しい。生ゴムに硫黄を加えて加熱すると，2つのC＝C間で −S−S− の架橋が形成され，ゴム弾性が大きくなり化学的にも安定になる。この操作を加硫という。

ポリイソプレン分子

④ 正しい。合成ゴムでは，2つの炭素間二重結合が1つの炭素間単結合をはさむ結合様式（−C＝C−C＝C−）をモノマー分子がもつので，付加重合により中央部分の単結合に二重結合が移り，両端で付加して重合反応を起こすことができる。したがって，合成ゴムは，次のような一般式で表されるモノマーが付加重合して生じるものが多い。

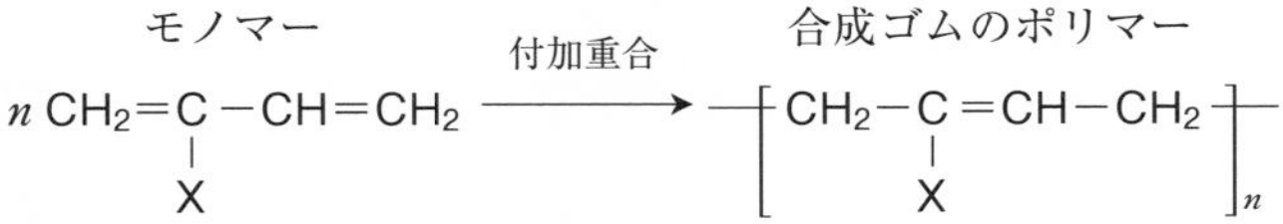

$$n\ CH_2=C-CH=CH_2 \xrightarrow{\text{付加重合}} \left[CH_2-C=CH-CH_2 \right]_n$$

モノマー　　　　　　　　　付加重合　　　　合成ゴムのポリマー

（モノマーのCにX，ポリマーのCにXが結合）

X＝H の場合が1,3-ブタジエン，X＝Cl の場合がクロロプレンであり，シス形で結合する部分が多いほど分子の折れ曲がりが大きくなり，ゴム弾性が大きくなる。

〔シス付加〕

分子が折れ曲がる

〔トランス付加〕

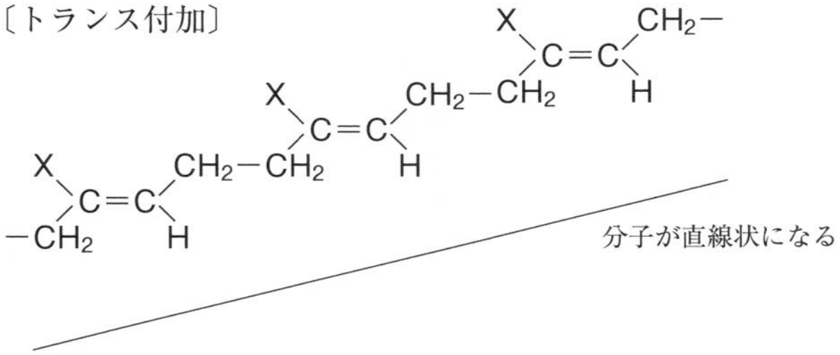

分子が直線状になる

⑤ 正しい。スチレンと1,3-ブタジエンを共重合させると，スチレン−ブタジエンゴム（SBR）が得られ，自動車のタイヤなどに用いられる。

$$n \text{ CH}_2{=}\text{CH} + m \text{ CH}_2{=}\text{CH}{-}\text{CH}{=}\text{CH}_2$$

1,3-ブタジエン

スチレン

$$\longrightarrow \left[\text{CH}_2{-}\text{CH}\right]_n \left[\text{CH}_2{-}\text{CH}{=}\text{CH}{-}\text{CH}_2\right]_m$$

SBR

問2　イオン交換樹脂

　スチレンに少量の *p*-ジビニルベンゼンを共重合させたつくった網目構造を
もつ高分子化合物が，イオン交換樹脂の本体として用いられている。

スチレン
CH$_2$=CH

p-ジビニルベンゼン
CH$_2$=CH

CH$_2$=CH

イオン交換樹脂の本体

CH$_2$-CH-CH$_2$-CH-CH$_2$-CH-

CH$_2$-CH-CH$_2$-CH-CH$_2$-CH-

　共重合体に存在するフェニル基—⟨⟩にスルホ基 $-\text{SO}_3\text{H}$ を導入したものが
陽イオン交換樹脂，塩基性の官能基 $-\text{N}^+(\text{CH}_3)_3\text{OH}^-$ を導入したものが陰イオ
ン交換樹脂である。

　陽イオン交換樹脂は，水溶液中の陽イオンをスルホ基に吸着し，樹脂中の H^+
を水溶液に放出するはたらきをする。一方，陰イオン交換樹脂は，水溶液中の
陰イオンを塩基性の官能基に吸着し，樹脂中の OH^- を水溶液中に放出するは

たらきをする。

$$-SO_3H + NaCl \longrightarrow -SO_3^-Na^+ + HCl$$

$$-N^+(CH_3)_3OH^- + NaCl \longrightarrow -N^+(CH_3)_3Cl^- + NaOH$$

したがって，陽イオン交換樹脂と陰イオン交換樹脂をつめたカラムに食塩水を通じると，カラムからは真水が流出してくる。

問題では，陽イオン交換樹脂をつめたカラムに塩化カルシウム $CaCl_2$ 水溶液を通じたのであるから，次の反応により塩酸が流出してくる。

$$2(-SO_3H) + CaCl_2 \longrightarrow (-SO_3^-)_2Ca^{2+} + 2HCl$$

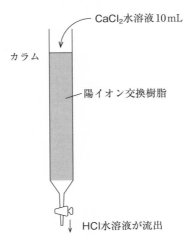

$CaCl_2$水溶液10 mL

カラム

陽イオン交換樹脂

HCl水溶液が流出

$CaCl_2$ 水溶液の濃度を x〔mol/L〕とすると，吸着された Ca^+ の物質量の2倍の物質量の H^+ が流出してくるので，

$$x \times \frac{10}{1000} \times 2 = 0.10 \times \frac{15.0}{1000} \times 1$$

$$x = 0.075 \ (mol/L)$$

問3　身のまわりの合成高分子化合物

① 正しい。ポリアセチレン分子は，多くの C−C 結合と C＝C 結合が交互に並んだ構造をしており，C＝C 結合の 1 対は単結合と異なり，分子上を移動できる電子がずらりと並んだ状態になっている。

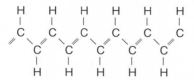

　ここに電子を奪う性質のあるヨウ素などを加えてやると，ポリアセチレン分子上のところどころに電子がないところが生じるため，分子上を電子が自由に移動できるようになり，金属と同程度の電気伝導性を示すようになる。

② 正しい。網目状にしたポリアクリル酸ナトリウムの表面には多くの −COONa が存在する。ここに水が入ってくると −COO⁻ と Na⁺ に電離して，樹脂の表面に固定されている −COO⁻ の反発力により，樹脂の網目の空間が広がり，隙間に多くの水分子が取り込まれる。また，Na⁺ は −COO⁻ のクーロン力により束縛されているので，樹脂の外側に出ていくことはない。そのため，樹脂の内側は外側よりイオン濃度が高くなって浸透圧が生じるため，さらに多くの水が外側から内側に浸透してくることになる。

③ 正しい。石油を原料としてつくられる多くの合成高分子化合物は，自然界で分解されにくいので，環境汚染を引き起こす原因になっている。そのため，回収して再利用したり，燃焼させて熱源として利用することが考えられている。また，ポリ乳酸などの高分子化合物は，自然環境下で生物により安全な物質に分解されるので，生分解性プラスチックとよばれている。

④ 誤り。ベンゼン環がアミド結合で結ばれた芳香族アミドをアラミドという。分子中に存在するベンゼン環のため，分子鎖が平行に並んでアミド結合間で多くの水素結合を形成するので，強度の大きい繊維となる。

⑤ 正しい。アクリル繊維などを高温で処理すると，炭素の同素体の一つでもある炭素繊維(カーボンファイバー)が得られる。炭素繊維は，軽くて強度が大きく，弾力性に富み，耐熱性も大きいので，スポーツ用品や航空機の材料に用いられている。